高职高专计算机类专业"十三五"规划教材

HTML5+CSS3 网页布局项目化教程

谢冠怀　林晓仪　主　编
武　龙　林程华　副主编

中国铁道出版社有限公司
CHINA RAILWAY PUBLISHING HOUSE CO., LTD.

内 容 简 介

本书是采用学习领域课程开发方法开发的课程配套教材,对应课程是基于从事网站开发工作的前端工程师岗位工作领域转化而来,教材内容是"网页布局能力"转化而来形成的学习内容,并以工作过程系统化原则编排课程内容,通过分析"网页布局"工作,抽取其工作流程、工作任务和系统知识,并结合世界技能大赛网站设计项目的技术文件和试题,最终确定课程项目和任务,形成项目引领、任务驱动的项目课程。

本书涉及的内容包括 HTML5 和 CSS3 基础性知识、栅格系统、媒体查询、响应式布局、浏览器兼容相关知识,Bootstrap 开源框架、Font Awesome 开源图标型字体等开源资源的应用知识,在各项目中还加入了商用还不是很成熟的新知识、新技术(带*的任务),如弹性盒子布局、网页无障碍、动画和变形等。

本书适合作为职业院校培养前端工程师岗位能力的网页制作入门教材、世界技能大赛网站设计项目布局模块的培训教材,也可作为网页制作人员的自学用书。

图书在版编目(CIP)数据

HTML5+CSS3 网页布局项目化教程/谢冠怀,林晓仪主编. —北京:中国铁道出版社,2017.9(2019.9重印)
高职高专计算机类专业"十三五"规划教材
ISBN 978-7-113-23524-6

Ⅰ.①H… Ⅱ.①谢… ②林… Ⅲ.①超文本标记语言-程序设计-高等职业教育-教材②网页制作工具-高等职业教育-教材 Ⅳ.①TP312.8②TP393.092.2

中国版本图书馆 CIP 数据核字(2017)第 200649 号

书　　名:	HTML5+CSS3 网页布局项目化教程
作　　者:	谢冠怀　林晓仪　主　编
策　　划:	韩从付　周海燕　　　　　读者热线:(010)63550836
责任编辑:	周海燕　冯彩茹
封面设计:	刘　颖
责任校对:	张玉华
责任印制:	郭向伟

出版发行:中国铁道出版社有限公司(100054,北京市西城区右安门西街8号)
网　　址:http://www.tdpress.com/51eds/

印　　刷:三河市宏盛印务有限公司
版　　次:2017 年 9 月第 1 版　2019 年 9 月第 4 次印刷
开　　本:787 mm×1 092 mm　1/16　印张:15.25　字数:369 千
书　　号:ISBN 978-7-113-23524-6
定　　价:42.00 元

版权所有　侵权必究

凡购买铁道版图书,如有印制质量问题,请与本社教材图书营销部联系调换。电话:(010)63550836
打击盗版举报电话:(010)51873659

前言

网站开发技术更新非常快，特别是 HTML5 技术推出之后，网站开发技术从电脑端开始转向移动端，"移动优先"的理念开始深入人心。在技术更新大潮下，很多学校开设的网站开发技术课程却停滞不前。如何紧跟时代步伐，将新技术和企业标准快速引入课堂，并适用于职业教育，是我们急需解决的问题。

本人在毕业后一直从事网站开发技术的教学工作，2014 年开始负责我校世界技能大赛网站设计项目的相关工作并持续至今，虽然没有取得斐然的成绩，但通过大赛的锤炼，却让我对网站设计的课程有了更多的想法。

在 2015 年，本人作为我校"HTML5+CSS3 网页布局"课程改革项目的负责人，承担起这门课程的改革工作，并斗胆编撰成书，与大家分享，以期起到抛砖引玉之功效，让更多的同行编写出更加优秀的教材以服务于职教学子。

本书从前端工程师岗位出发，以项目引领全书，以任务驱动知识和技能，聚焦 HTML5+CSS3 网页布局技术，Axure、PS 和 JavaScript 技术不在本书中涉及。

本书具有以下特点：

1. 立足基础、企业标准、接轨世界

本书以"立足基础、企业标准、接轨世界"为目标，采用学习领域课程开发方法，通过分析确定前端工程师岗位设计、布局和交互制作的工作能力转化为学习领域，本教材将其中的"网页布局能力"（学习领域）转化为本书的"学习内容"，同时结合世界技能大赛题目所要求的知识、标准和技术等进行整合，完成代表性工作任务列表。

世界技能大赛的题目要求必须来自企业的实际工作任务，紧贴企业需求和最新技术标准。把世界技能大赛标准引入课堂，既符合我们工学结合一体化和工作过程系统化课程改革要求，又为我们的教材快速达到企业行业标准并接轨世界提供了捷径。

2. "一往情深"的项目教材

教材通过一个项目工作情景统领全书，通过各项目需求将所有的工作任务进行串联。

项目和情景设计为：随着高考平行志愿的执行，华南工业大学信息工程系招生就业办公室希望能够制作一个网页，通过扫码的方式来宣传其系专业学科及招生情况，以期能够吸引更多优秀的毕业生报考。项目 1 和项目 2 要求为手机端而设计，项目 3 要求变更为响应式设计，项目 4 要求使用 Bootstrap 框架提高开发效率。

3. 项目引领、任务驱动

在知识和技能编排上，项目 1、2 为 HTML5 和 CSS3 基础性知识，包括开发环境的配置、HTML5 和 CSS3 知识、CSS2 和 CSS3 中浏览器普遍兼容的知识及常规的网页布局知识；项目 3 是对基础

知识的提升，包括栅格系统、媒体查询、网页响应式布局和优化、浏览器兼容相关知识，要求能够达到企业行业标准和世界技能大赛试题中的基础要求；项目 4 是应用型知识，包含 Bootstrap 开源框架、Font Awesome 开源图标型字体等开源资源的应用知识，适用于企业快速迭代的高效率开发需求。在各项目中还加入了商用还不是很成熟的新知识新技术（书本中带*的任务），包含 CSS3 中现阶段应用较少、浏览器兼容不完善，但在技术长远发展中将被应用的新技术、新知识，目的是对接世界技能大赛网站设计试题的高级技术要求，同时为学生的终身学习打下基础。

本书为每个项目设置了项目简介、项目情景、项目分析、能力目标作为项目的引入，在每个任务中设置学习目标、任务描述、知识学习（知识探究学习+学习工作页）与课堂练习、任务实施、任务回顾、任务拓展 6 个环节。

4．授人以渔

在专业能力上，我们寄希望于立足技术基础，同时按企业行业标准要求学生，在充分考虑学生实际情况的同时考虑学生的发展和技术的更新进程，将世界技能大赛网站设计项目对技术和能力要求与课程知识进行对接。

在社会和方法能力上，我们期望通过以"项目引领、任务驱动、工学结合、赛学互促"的方式让学生在课堂中以"行动导向"方式解决实际的项目问题，同时在任务中通过设置"知识学习与课后练习"提高学生的知识自主学习能力，强化基础，通过设置"任务拓展"提高知识的迁移应用能力等。

通过这样的设计，我们期望大部分学生都能够掌握网页布局基础技术，并运用开源框架开发出能达到企业标准的网页，部分学习能力强的学生能够在学习最新的技术后达到世界技能大赛网站设计项目对布局能力的要求，并为其后继的终身技术学习打下基础。

本书由谢冠怀、林晓仪任主编，武龙、林程华任副主编。具体分工如下：谢冠怀负责全书的框架制定、统稿和项目 4 全部、项目 3 任务 3.5 的编写工作，林晓仪参与全书框架制定并负责项目 1 和项目 3（任务 3.1 和 3.4）的编写工作，武龙负责项目 2 和项目 3（任务 3.2 和任务 3.3）的编写工作，林程华与王令、但金燃参与各任务的教学实验编写工作。

由于编者水平有限，加之时间仓促，书中难免存在疏漏和不足之处，恳请各位读者批评指正（编者邮箱：xieguanhuai@qq.com）。本书资源丰富，课件、素材、教案可在 http://www.tdpress.com/51eds/ 下载。

谢冠怀

2017 年于广州

目　录

项目 1　制作一个网页广告单页的内容 1

　　任务 1.1　工作环境准备 2
　　任务 1.2　创建空白网页 10
　　任务 1.3　在网页中添加段落和文字 14
　　任务 1.4　在网页中添加列表 19
　　任务 1.5　在网页中添加表格 24
　　任务 1.6　在网页中添加图片 30
　　任务 1.7　在网页中添加超链接 36
　　任务 1.8　在网页中添加表单 43

项目 2　使用 CSS3 设置网页广告单页格式 55

　　任务 2.1　将 CSS 样式表引入文件 55
　　任务 2.2　使用 CSS 设置段落文字格式 61
　　任务 2.3　使用 CSS 实现网页布局 71
　　任务 2.4　使用 CSS 背景美化网页标签 89
　　任务 2.5　使用 CSS 设置列表格式、超链接效果 101
　　任务 2.6　使用 CSS 边框设置表格格式 113
　　任务 2.7　使用 CSS 美化表单 129

项目 3　对网页广告单页进行响应式改造 144

　　任务 3.1　变更网页导航菜单 145
　　任务 3.2　编写网页栅格系统 149
　　任务 3.3　重布局网页内容列表以适应不同窗口 158
　　任务 3.4　测试及兼容性设置 167
　　*任务 3.5　使用伸缩盒子布局响应式页面 171

项目 4　使用 Bootstrap 开源框架快速搭建响应式网页 184

　　任务 4.1　配置 Bootstrap 开发环境 185
　　任务 4.2　使用 Bootstrap 栅格系统快速布局页面 190
　　任务 4.3　使用 Bootstrap 组件和 JS 插件制作网页导航条 199
　　任务 4.4　使用 Bootstrap 组件和 JS 插件制作网页内容和交互 210
　　*任务 4.5　为你的网页添加无障碍功能 224

参考文献 237

项目 1　制作一个网页广告单页的内容

☑ 项目简介

本项目将通过"制作一个网页广告单页的内容",制作一个 HTML 页面来承载 HTML 知识,完成网页开发环境、HTML 基础知识和 HTML5 标签的学习。

☑ 项目情景

随着高考平行志愿的执行,某工业大学信息工程系招生就业办公室希望能够制作一个网页,来宣传其系专业学科及招生情况,以期能够吸引更多优秀的毕业生报考。

招生就业办公室希望网页能够通过手机扫描二维码的方式在手机浏览,以弥补招生宣传渠道的不足,且网页所有内容都应该包含在这个网页上,包括:

- 招生广告词
- 关于我们
- 招生计划
- 专业介绍
- 实训环境
- 优秀毕业生
- 联系我们
- 新媒体分享

招生就业办公室已经将必要的图文材料整理好,并找到专业的设计公司完成了网页界面的设计工作。

你所在的科技公司已经拿到了设计稿,由于项目不大,你的项目主管希望担任前端工程师的你来完成本次项目的前端工作,并将你的成果交付程序员张妃完成逻辑制作,最后交给客户发布。

☑ 项目分析

拿到设计稿后,你需要根据网页制作的一般流程,完成网页的制作。
网页制作的一般流程如下:

首先，需求是明确的，项目的目标为：根据设计稿制作一个适合手机浏览的网页单页。

其次，需要制订项目完成的计划：

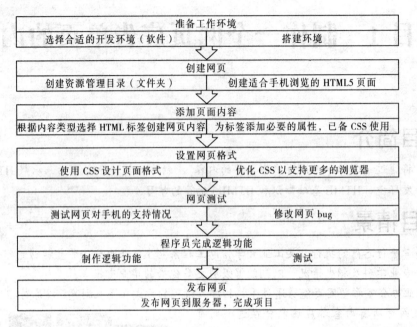

考虑知识的结构和类型，将"设置网页格式""网页测试""发布网页"的任务安排在了项目2。

☑ 能力目标

① 能够选择合适的软件完成 HTML 网页页面的制作。

② 能够根据内容属性选择 HTML5 标签并设置标签属性，同时保证代码符合 W3C 规范。

任务 1.1　工作环境准备

☑ 学习目标

① 能够陈述常用的 Web 前端开发软件及其优缺点：Adobe Dreamweaver、Visual Studio Code、Sublime Text 3、Notepad++、HBuilder 等。

② 能够根据系统环境选择合适的开发软件。

☑ 任务描述

下载 Visual Studio Code 软件安装程序，按照说明文档的安装指引，将 Visual Studio Code 软件安装到自己的客户端。

☑ 知识学习与课堂练习

网页开发工具有很多，可以使用任何能够生成 TXT 类型源文件的文本编辑来产生页面文件，因此记事本也可以作为网页开发工具。

【课堂练习 1.1-1】使用记事本制作一个网页。

① 打开记事本,输入如下标签(注意代码格式缩进):

```
1    <html>
2        <head>
3            <meta charset="gb2312">
4            <title>我的网页</title>
5        </head>
6        <body>
7            <h1>我的网页</h1>
8            <p>这是用记事本制作的网页</p>
9        </body>
10   </html>
```

② 将记事本保存到桌面:保持类型为"所有文件(*.*)",文件名为"index.html",第一个静态网页制作完成。

③ 双击桌面上的"index.html"文件,浏览器打开的网页显示效果如图 1.1-1 所示。

图 1.1-1　使用记事本制作网页

记事本是最基础的网页开发工具。为了提高网页编写效率,很多公司开发了网页辅助开发软件,以提高网页开发的效率。

下面介绍一些常用的 Web 前端开发软件:

1. Adobe Dreamweaver

Adobe Dreamweaver,简称 DW,中文名称为"梦想编织者",是集网页制作和网站管理于一身的所见即所得网页编辑器,DW 是第一套针对专业网页设计师特别开发的视觉化网页开发工具,利用它可以轻而易举地制作出跨越平台限制和跨越浏览器限制的充满动感的网页。

2. Visual Studio Code

Visual Studio Code(简称 VS Code / VSC)是微软公司推出的一款免费开源的现代化轻量级代码编辑器,支持几乎所有主流的开发语言的语法高亮、智能代码补全、自定义热键、括号匹配、代码片段、代码对比 Diff、GIT 等特性,支持插件扩展,并针对网页开发和云端应用开发做了优化。软件跨平台支持 Windows、Mac OS 以及 Linux,运行流畅。

3. Sublime Text

Sublime Text 是一个代码编辑器,也是 HTML 等的文本编辑器。有漂亮的用户界面和非凡的功能,如迷你地图、多选择、Python 插件、代码段等。Sublime Text 的主要功能包括拼写检查、书签、完整的 Python API、Goto 功能、即时项目切换、多选择、多窗口等。

4. Notepad++

Notepad++是 Windows 操作系统下的一套文本编辑器,有完整的中文接口及支持多国语言编写的功能(UTF8 技术)。

Notepad++功能比 Windows 中的 Notepad(记事本)强大,除了可以用来制作一般的纯文字说明文件,也十分适合编写计算机程序代码。Notepad++ 不仅有语法高亮度显示,也有语法折叠功能,并且支持宏以及扩充基本功能的外挂模组。

5. HBuilder

HBuilder 是 DCloud 推出的一款支持 HTML5 的 Web 开发 IDE。"快"是 HBuilder 的最大优势，通过完整的语法提示和代码输入法、代码块等，大幅提升 HTML、JS、CSS 的开发效率。同时，它还包括最全面的语法库和浏览器兼容性数据。

【课堂练习 1.1-2】根据自己的情况选用 Web 开发软件。

请根据自己的系统开发环境情况，选择 Web 前端开发软件，如表 1.1-1 所示。

表 1.1-1 Web 前端开发软件环境的配置

Web 开发环境选择			
操作系统及版本			
CPU	（　　）Hz*		
内存	（　　）GB		
代码熟悉程度	□熟悉	□一般	□不熟悉
风格习惯	□智能	□折中	□极简
综合意见			

请根据情况完成上表，并说出选择的理由。

☑ 任务实施

考虑到市场上的软件应用以及软件大小情况，本书以 Visual Studio Code 为例，简要介绍此软件的安装和配置。

1. 软件下载

① 打开浏览器，输入微软官方网站地址 www.microsoft.com（见图 1.1-2）并按 Enter 键，在搜索框中输入 Visual Studio Code，单击搜索按钮，出现 Visual Studio Code 的常规信息（见图 1.1-3）。

图 1.1-2 微软官方网站

项目1 制作一个网页广告单页的内容

图 1.1-3　Visual Studio Code 的常规信息

② 选择图 1.1-3 第二项中的"Visual Studio Code",单击"下载 Code"(见图 1.1-4),进入软件下载界面见图 1.1-5。

图 1.1-4　Visual Studio Code 下载页面

③ 在软件下载界面(见图 1.1-5)中根据系统选择对应的下载项,并下载 Visual Studio Code 软件。

2. 软件安装

① 双击下载的 VSCodeSetup-stable.exe 文件,在弹出的"用户账户控制"对话框中单击"是"

按钮后进入"安装程序"对话框（见图1.1-6），单点击"下一步"按钮，出现安装程序"许可协议"对话框（见图1.1-7），选择"我接受协议"单选按钮，单击"下一步"按钮，进入"选择目标位置"对话框（见图1.1-8）。

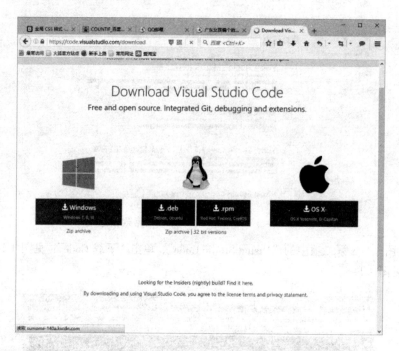

图1.1-5　Visual Studio Code不同平台下载页面

 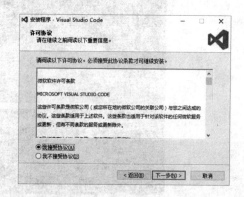

图1.1-6　"安装程序"对话框　　　　　　图1.1-7　"许可协议"对话框

② 在"选择目标位置"对话框中选择Visual Studio Code软件的安装路径，可以选择默认路径，也可以改至D:\Microsoft VS Code，单击"下一步"按钮，进入"选择开始菜单文件夹"对话框（见图1.1-9），如果不想其出现在"开始"菜单文件夹中，可勾选"不创建开始菜单文件夹"复选框，单击"下一步"按钮，进入"选择其他任务"对话框（见图1.1-10）。

③ 在"选择其他任务"对话框中可勾选"创建桌面对话框快捷方式"复选框，在桌面中创建Visual Studio Code软件快捷方式，单击"下一步"按钮，进入软件安装准备就绪对话框（见图1.1-11）。

④ 在"安装准备就绪"对话框中单击"安装"按钮，进入"正在安装"对话框（见图 1.1-12），等待软件安装完成（见图 1.1-13），单击"完成"按钮。至此，软件安装成功。

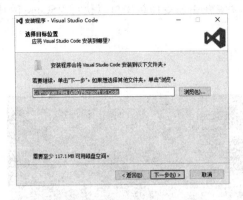

图 1.1-8　"选择目标位置"对话框

图 1.1-9　"选择开始菜单文件夹"对话框

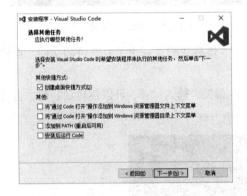

图 1.1-10　"选择其他任务"对话框

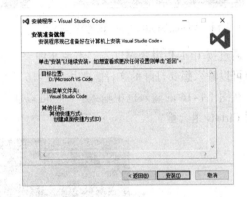

图 1.1-11　"安装准备就绪"对话框

图 1.1-12　"正在安装"对话框

图 1.1-13　安装完成对话框

3. 软件使用介绍

（1）软件界面介绍

安装完 Visual Studio Code 软件，打开后界面如图 1.1-14 所示。顶部为菜单栏，包括文件、编辑、查看、转到和帮助功能项，左侧为快捷菜单栏，包括资源管理器、搜索、Git、调试，其他部分是代码编辑区,底部为鼠标输入区域信息,包括行数,列数。

(2)软件常用快捷键

通过按 Ctrl+Shift+P 组合键可以打开主命令面板,在主命令面板中可以执行 VSCode 的任何一条命令,如图 1.1-15 所示。

图 1.1-14 Visual Studio Code 软件界面

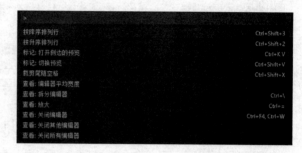

图 1.1-15 主命令面板

通过按 Ctrl+P 组合键进入"本地文件导航模式",该模式默认列出了打开过的文件。在输入框中可以输入想要打开的文件,如图 1.1-16 所示。

在图 1.1-16 的输入框中输入"?"可以获得一些帮助,输入":",可以跳转到行数,也可以使用 Ctrl+G 组合键。

图 1.1-16 本地文件导航模式

另外还有一些常用的编辑器及窗口快捷键,如表 1.1-2 所示。

表 1.1-2 编辑器及窗口快捷键

功　能	快　捷　键	功　能	快　捷　键
打开新窗口	Ctrl+Shift+N	在各个编辑界面之间切换	Ctrl+1、Ctrl+2、Ctrl+3
关闭窗口	Ctrl+Shift+W	关闭编辑器	Ctrl+F4
新建文件	Ctrl+N	查找	Ctrl+F
打开文件	Ctrl+O	查找替换	Ctrl+H
在历史打开的文件之间切换	Ctrl+Tab	整个文件夹搜索	Ctrl+Shift+F
切出一个新的编辑界面	Ctrl+\	显示/隐藏侧边栏	Ctrl+B

☑ 任务回顾

Visual Studio Code 支持语法高亮、智能代码补全、自定义热键、括号匹配、代码片段、代码对比 Diff、Git 等特性,并针对网页开发和云端应用开发做了优化。软件跨平台支持 Windows、

Mac OS 以及 Linux，运行流畅。

网上可供下载安装的 Visual Studio Code 软件版本有很多，可以通过它的官网进行下载。通常下载的安装包中都会附带相关的安装说明文档，按照安装说明的指引一般都能顺利地把软件安装到计算机中。

☑ 任务拓展

1. 网站文件夹结构及命名

关于网站文件夹结构及命名，看似无足轻重，但实际上如果没有良好的网站文件夹结构及命名规则进行必要的约束，最终导致的结果就是整个网站或是文件夹无法管理。所以，网站文件夹结构及命名规则很重要。需要特别注意的是，网站文件或文件夹命名要尽量避免使用中文字符命名。

建立网站文件夹的原则是以最少的层次提供最清晰简便的访问结构。

根目录只允许存放 index.html 文件和 js、img、css 这三个文件夹，所有的 js 文件存放在根目录下的 js 文件夹，所有的 css 文件存放在根目录下的 css 文件夹，所有的图片存放在根目录下的 img 文件夹中。网站文件夹结构如图 1.1-17 所示。

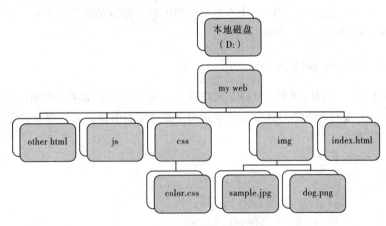

图 1.1-17　网站文件夹结构

2. W3C 的介绍

W3C 指万维网联盟，它是建立于 1994 年的组织，其宗旨是通过促进通用协议的发展并确保其通用性，以激发 Web 世界的全部潜能。

W3C 标准不是某一个标准，而是一系列标准的集合。网页主要由三部分组成：结构（Structure）、表现（Presentation）和行为（Behavior）。对应的标准也分三方面：结构化标准语言主要包括 XHTML 和 XML，表现标准语言主要包括 CSS，行为标准主要包括对象模型（如 W3C 的 DOM）、ECMAScript 等。这些标准大部分由 W3C 起草和发布，也有一些是其他标准组织制订的标准，如 ECMA 的 ECMAScript 标准。

为了简化网站代码，降低网站建设的成本，保证网站在长期互联网环境中有效，加强网站的兼容性，能适应不同的网络设备和网络终端，在建设网站时应该要保证代码符合 W3C 规范。

任务1.2　创建空白网页

☑ 学习目标

① 能够输入基本的网页结构标签。
② 能够表述 HTML 语言以及基本的标签语法。
③ 能够使用 Visual Studio Code 新建和保存页面。

☑ 任务描述

使用 Visual Studio Code 新建并保存一个简单的基本页面。

☑ 知识学习与课堂练习

1. HTML 概念

HTML（Hyper Text Mark-up Language，超文本置标语言）是目前网络上应用最为广泛的语言，也是构成网页文档的主要语言。HTML 文本是由 HTML 命令组成的描述性文本，HTML 命令可以说明文字、图形、动画、声音、表格、链接等。

2. HTML 文本基本结构

一个网页对应一个 HTML 文件，HTML 文件以.htm 或.html 为扩展名。HTML 的结构包括头部（head）、主体（body）两大部分，其中头部描述浏览器所需的信息，主体部分包含网页所要说明的具体内容。其完整结构如下：

```
1    <!doctype html>
2    <html>
3        <head>
4            <meta charset="gb2312">
5            <title>无标题文档</title>
6        </head>
7        <body>
8        </body>
9    </html>
```

其中<!doctype>声明位于文档中最前面的位置，处于<html>标签之前。此标签可告知浏览器文档使用哪种 HTML 或 XHTML 规范。

<html></html>标签标识了文件的开头与结尾，表示这对标记间的内容是 HTML 文档。

<head></head>标记包含了文件的头部，标记内的内容不在浏览器中显示，主要用来说明文件的有关信息，如文件标题、作者、编写时间等。

<meta>标签没有结束标签，位于 head 元素内部，<meta>标签的属性定义了与文档相关联的名称和值。例如<meta charset="UTF-8">表示使用的字符编码为国际化编码，比较常见的还有简体中文编码 gb2312。

在 head 标记内最常用的标记是<title></title>，该标记是网页主题标记，提示网页内容和功能

的文字，它将出现在浏览器的标题栏中。

<body></body>标记是 HTML 文档的主体部分，网页正文中的所有内容包括文字、表格、图像、声音和动画等都包含在这对标记对之间。

【课堂练习 1.2-1】录入一个完整的网页结构标签。

打开 Visual Studio Code，输入如下标签：

```
1    <!doctype html>
2    <html>
3        <head>
4            <meta charset=" UTF-8">
5            <title>这是一个完整的网页结构标签</title>
6        </head>
7        <body>
8            <p>欢迎光临我的网页！</p>
9        </body>
10   </html>
```

3. 移动设备的 HTML 基本结构

计算机经过多年的发展，显示器的屏幕分辨率已经能够达到 1 280×1 024 像素及更高的 1 280×1024 像素，因此移动设备无法将普通网页全屏显示在移动设备上，虽然通过屏幕放大和缩小也可访问传统的网页，但由于用户体验不佳，很难得到实际的应用。

为了增加对移动设备的友好性，应该将针对移动设备的样式融合进框架的每个角落，而不是增加一个额外的文件。

为了确保适当的绘制和触屏缩放，需要在<head>之中添加 viewport 元数据标签。

```
<meta name="viewport" content="width=device-width,initial-scale=1">
```

在移动设备浏览器上，通过为视口（viewport）设置 meta 属性为 user-scalable=no 可以禁用其缩放（zooming）功能。禁用缩放功能后，用户只能滚动屏幕，就能让网站看上去更像原生应用的。注意，这种方式并不推荐所有网站使用，要视情况而定。

```
<meta name="viewport" content="width=device-width, initial-scale=1, maximum-scale=1, user-scalable=no">
```

【课堂练习 1.2-2】录入一个完整的移动设备网页结构标签。

打开 Visual Studio Code，输入如下标签：

```
1    <!doctype html>
2    <html lang="zh-CN">
3        <head>
4            <meta charset=" UTF-8">
5            <meta name="viewport" content="width=device-width, initial-
6    scale=1">
7            <title>这是一个完整的网页结构标签</title>
8        </head>
9        <body>
10           <p>欢迎光临我的网页！</p>
11       </body>
12   </html>
```

其中<html lang="zh-CN">主要是告知各个浏览器所用的字符集，如果没有该字符集，浏览器就按各自默认的字符来显示，这样各个浏览器的显示结果就可能不一样。

4. HTML5 新增结构标签

一个普通的页面一般会有头部、导航、文章内容，还有附着的右边栏、底部等模块。这些模块可以使用 HTML5 新标签进行布局，如图 1.2-1 所示。

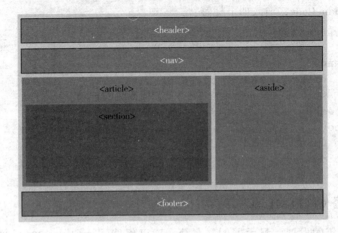

图 1.2-1 网页布局

（1）header 标签

header 标签定义文档的页眉，通常是一些引导和导航信息。header 标签至少包含（但不局限于）一个标题标记（<h1>-<h6>），还可以包括其他标签，如表格、列表、表单、nav 标签等。

（2）nav 标签

nav 标签代表页面的一个部分，是一个可以作为页面导航的链接组，其中的导航元素链接到其他页面或者当前页面的其他部分，使 html 代码在语义化方面更加精确，同时对于屏幕阅读器等设备的支持也更好。

（3）article 标签

article 标签代表文档、页面或应用程序中独立的、完整的、可以独自被外部引用的内容。它可以是一篇博客或报刊中的文章、一篇论坛帖子、一段用户评论或独立的插件，或其他任何独立的内容。除了内容部分，一个 article 标签通常有它自己的标题（一般放在一个 header 元素里面），有时还有自己的脚注。

（4）section 标签

section 标签定义文档中的节，如章节、页眉、页脚或文档中的其他部分。一般用于成节的内容，会在文档流中开始一个新的节。它用来表现普通的文档内容或应用区块，通常由内容及其标题组成。

（5）aside 标签

aside 标签通常用来描述与文档主体内容不相关的内容。比如，博客文章用 article 标签，而博客旁边的文章信息栏（作者头像、博文分类、作者等级等和博客正文内容无关的）用 aside。

（6）footer 标签

footer 标签定义 section 或 document 的页脚。在典型情况下，该元素会包含创作者的姓名、文档的创作日期以及/或者联系信息。它和 header 标签的使用基本一样，可以在一个页面中多次使用，如果在一个区段的后面加入 footer，那么它就相当于该区段的页脚。

【课堂练习 1.2-3】完成图 1.2-1 所示网页布局的结构标签。

打开 Visual Studio Code，输入如下标签：

```
1   <!doctype html>
2       <head>
3           <meta charset=" UTF-8">
4           <title> HTML5 新增结构标签</title>
5       </head>
6       <body>
7           <header></header>
8           <nav></nav>
9           <article>
10              <section></section>
11          </article>
12          <aside></aside>
13          <footer></footer>
14      </body>
15  </html>
```

☑ 任务实施

① 打开任务 1 中的 index.html 文件。

② 完成网页广告单页 HTML 结构的编写。

```
1   <!doctype html >
2   <html lang="en">
3       <head>
4           <meta charset="utf-8">
5           <meta name="viewport" content="width=device-width, initial-scale=1">
6           <title>信息工程系</title>
7       </head>
8       <body>
9           <header>
10              <nav> </nav>
11          </header>
12          <article> </article>
13          <article>
14              <section> </section>
15              <section> </section>
16          </article> …
17          <footer>Copyright &copy; 2015 信息工程系.华南工业大学 </footer>
18      </body>
19  </html>
```

☑ 任务回顾

HTML 是网页主要的组成部分，基本上每一个网页都是由 HTML 语言组成的，所以要学习如何建设网站，必须从网页的基本语言学起。

HTML 的结构包括头部（head）、主体（body）两大部分，其中头部描述浏览器所需的信息，主体部分包含网页所要说明的具体内容。

☑ 任务拓展

HTML 元素的选用原则：

（1）少亦可为多

开发者在使用 HMTL 元素时容易忘乎所以，文档中标记密布。标记只能应内容的需要使用。判断该用多少标记需要经验。有条经验法则是：问问自己打算如何发挥一个元素的语义作用，如果不能马上答出就不用这个元素。

（2）不要误用元素

对内容进行标记时，只宜将元素用于它们原定的用途，不要创造自有的语义。如果找不到适合自己所要含义的元素，可以考虑使用通用元素（如 span 或 div），并且用全局属性 class 表明其含义。

（3）具体为佳，一以贯之

同一个标记内容的元素应该选择最为具体的那个元素。如果已有元素能恰当表明内容的类型，就不要使用通用元素。

同样，同一个元素的使用在整个页面、网站或 Web 应用系统上要保持一致。对于作者来说，他们以后修改自己的 HTML 文档的工作可以由此更加轻松，对于要处理 HTML 文档的其他人也一样。

（4）对用户不要想当然

有人可能觉得 HTML 文档的用户关心的只是它在浏览器中呈现的结果，所以不用为标记的语义准确性劳神。呈现与语义分离原则的目的完全是为了让 HTML 文档更易于程序化处理，所以随着 HTML5 的采用和实现愈加广泛，HTML 内容的这种使用会日益增多。如果不关心标记的准确性和一致性，这样的 HTML 文档处理起来会更为困难，用户为其找到的用处也很有限。

任务 1.3　在网页中添加段落和文字

☑ 学习目标

① 能够表述常见 HTML 格式化文本标签的含义。
② 能够在网页中按要求正确应用 HTML 文本标签。

☑ 任务描述

按 HTML 格式化文本标签要求，在新建的空白页面中添加"移动网页广告单页的内容"的文字和段落内容。

☑ 知识学习与课堂练习

1. 标题标签 <h1>～<h6>

一般文章都有标题、副标题、章和节等结构，HTML 中也提供了相应的标题标签<hn>，其中 n 为标题的等级，HTML 总共提供六个等级的标题，即 h1～h6，h1 定义最大的标题，h6 定义最小的标题。

其语法形式如下：

1 级标题：`<h1></h1>`

2 级标题：`<h2></h2>`

……

6 级标题：`<h6></h6>`

【课堂练习 1.3-1】显示 6 级标题的效果。

打开 Visual Studio Code 软件，在`<body>`标签中输入如下代码：

```
1    <h1>一级标题</h1>
2    <h2>二级标题</h2>
3    <h3>三级标题</h3>
4    <h4>四级标题</h4>
5    <h5>五级标题</h5>
6    <h6>六级标题</h6>
```

显示效果如图 1.3-1 所示。

图 1.3-1　显示 6 级标题效果

2. 段落标签`<p>`

在网页制作的过程中，常常需要将一篇文章分成相应的段落，只需要在内容前加`<p>`、内容后加`</p>`即可实现文章换段落。

其语法形式如下：

`<p>段落文字</p>`

【课堂练习 1.3-2】使用标题和段落的网页。

打开 Dreamweaver 软件，在`<body>`标签中输入如下代码：

```
1    <h1>段落标签</h1>
2    <p>我是第一段落</p>
3    <p>我是第二段落</p>
4    <p>我是第三段落</p>
```

显示效果如图 1.3-2 所示。

3. 通用块元素`<div>`

`<div>`标签可以把文档分割为独立的、不同的部分。它可以用作严格的组织工具，并且不使用任何格式与其关联。

图 1.3-2　使用了标题和段落的网页

<div>是一个块级元素，也就是说，浏览器通常会在<div>元素前后放置一个换行符。

其语法形式如下：

`<div>…任何网页元素（标签）</div>`

注释：HTML 中的元素可分为两种类型，即块级元素和行级元素。块级元素是显示在一块内，会自动换行，元素会从上到下垂直排列，各自占一行，如前面所讲过的<p>、<h1>、<div>等标签元素。行内元素是元素在一行内水平排列，高度由元素的内容决定，height 属性不起作用，如后面要讲的<span>、<a>等元素。

【课堂练习 1.3-3】使用<div>标签分割文档。

打开 Visual Studio Code 软件，在<body>标签中输入如下代码：

```
1    <div>
2      <h1>h1 标题标签</h1>
3      <p>我是第一段落</p>
4    </div>
5    <div>
6      <h2>h2 标题标签</h2>
7      <p>我是第二段落</p>
8    </div>
```

效果显示如图 1.3-3 所示。

图 1.3-3　使用<div>标签分割文档

4. 通用内联元素<span>

<span>标签是被用来组合文档中的行内元素。<span>没有固定的格式表现。只有对它应用样式（在后面的章节中会进行详细讲解）时，它才会产生视觉上的变化。

<span>标签在行内定义一个区域，也就是一行内可以被<span>划分成好几个区域，从而实现某种特定效果。<span>标签本身没有任何属性。

其语法形式如下：

```
<span>要修改样式的文字</span>
```

【课堂练习1.3-4】使用<span>标签。

打开Visual Studio Code软件，在<body>标签中输入如下代码：

```
1   <div>
2     <h1>h1标题标签</h1>
3     <p>我是第一段落中的<span>span</span></p>
4   </div>
5   <div>
6     <h2>h2标题标签</h2>
7     <p>我是第二段落<span>span</span></p>
8   </div>
```

效果显示如图1.3-4所示。

图1.3-4 使用<span>标签

☑ 任务实施

① 打开任务1.2中的index.html文件。
② 完成网页广告单页中标题和段落的编写。

```
1   <body>
2   <header>
3     <nav>
4     </nav>
5   </header>
6   <article>
7     <h1>程序猿，攻城狮</h1>
8     <p>是的，这是别人对我们的称呼。……</p>
9   </article>
10  <article>
```

```
11      <section></section>
12      <section>
13          <h3>关于我们</h3>
14          <p>信息工程系是华南工业大学建立较早的系,……</p>
15          <h3>本科生招生计划</h3>
16      </section>
17    </article>
18    <article>
19      <h2>本科专业介绍</h2>
20      <hr />
21      <p>目前我校的信息工程系主要开设有……</p>
22      <section>
23          <h3>计算机科学与技术</h3>
24          <p>本专业分为嵌入式和物联网两个方向……</p>
25      </section>
26      <section>
27          <h3>软件工程</h3>
28          <p>本专业具备良好科学素养……</p>
29      </section>
30    </article>
31    …
32    <footer>Copyright &copy; 2015 信息工程系.华南工业大学</footer>
33  </body>
```

☑ 任务回顾

文字不仅是网页信息传达的一种常用方式,也是视觉传达最直接的方式,运用经过精心处理的文字材料完全可以制作出效果很好的版面。

在 HTML 语言中,使用<h1>~<h6>标签来定义页面上 1~6 级的标题;使用<p>标签来定义段落。如果找不到适合自己所要含义的元素,可以考虑使用通用元素<span>或<div>。

☑ 任务拓展

除了用段落和标题组织文本,有时还需要使用短语元素来指定标记之间文本的上下文含义。常见的短语元素及其用法可如表 1.3-1 所示。

表 1.3-1 常见的短语元素

格式标签及应用	功　能	应用效果
内容一 内容二	让文本强制换行	内容一 内容二
<strong>内容</strong>	强调文本,加粗显示	**内容**
<em>内容</em>	强调标签,字体被加斜体效果	*内容*
^{上标}	上标标签	内容^{上标}
_{下标}	下标标签	内容$_{下标}$
<mark>内容</mark>	记号文本,高亮显示	内容

【课后练习】使用合适的 HTML 标记完成如图 1.3-5 和图 1.3-6 所示的效果。

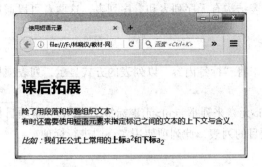

图 1.3-5 使用常见短语元素效果

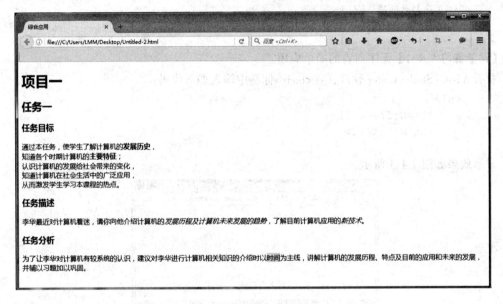

图 1.3-6 综合应用效果

任务 1.4 在网页中添加列表

☑ 学习目标

① 能够表述网页中列表的常见类型。
② 能够按要求使用有序列表和无序列表。

☑ 任务描述

根据"网页广告单页"效果图,制作该网页中的导航。

☑ 知识学习与课堂练习

在网页中大部分信息都是通过列表形式显示的,如信息分类、新闻列表、菜单、排行榜等,除了网页正文的段落文本和标题文本外,其他信息都需要列表结构进行组织和管理。

HTML 提供的常用列表结构有无序列表和有序列表,这两者可以通用。

1. 无序列表<ul>

无序列表<ul>元素用来将"标签内容"以列表的方式显示,列表项目无先后顺序之分,也就是没有编号。

列表内的数据项以<li>元素来列举,<ul>元素标签中的<li>元素项目数据默认会加上一个圆点符号。无序列表是一个项目的列表,此列项使用实心圆进行标记。

其语法形式如下:
```
<ul>
    <li>无序列表选项 1</li>
    <li>无序列表选项 2</li>
    ...
</ul>
```

【课堂练习 1.4-1】无序列表的简单应用。

打开 Visual Studio Coder 软件,在<body>标签中输入如下代码:
```
1    <ul>
2        <li>Coffee</li>
3        <li>Milk</li>
4    </ul>
```
显示效果如图 1.4-1 所示。

图 1.4-1 无序列表的简单应用

2. 有序列表<ol>

有序列表<ol>元素用来将"标签内容"以列表的方式显示,列表项目有先后顺序之分,也就是有顺序编号。

列表内项目内容是以<li>元素来列举,<ol>元素标签中的<li>元素项目内容默认会顺序加上 1、2、3、…的数字编号。

其语法形式如下:
```
<ol>
<li>有序列表选项 1</li>
<li>有序列表选项 2</li>
...
</ol>
```

【课堂练习 1.4-2】有序列表的简单应用。

打开 Visual Studio Coder 软件,在<body>标签中输入如下代码:
```
1    <ol>
```

```
2    <li>Coffee</li>
3    <li>Milk</li>
4  </ol>
```
显示效果如图 1.4-2 所示。

图 1.4-2　有序列表的简单应用

3. 嵌套列表

当一个列表内容中还有细分的列表时，就需要嵌套一个列表进去。同样是在<li>标签中放入<ul>或<ol>标签。

【课堂练习 1.4-3】列表的嵌套使用。

打开 Visual Studio Coder 软件，在<body>标签中输入如下代码：

```
1   <ol>
2     <li>蔬菜
3       <ol>
4         <li>莴笋</li>
5         <li>冬瓜</li>
6         <li>茄子</li>
7       </ol>
8     </li>
9     <li>水果
10      <ol>
11        <li>苹果</li>
12        <li>香蕉</li>
13        <li>梨子</li>
14      </ol>
15    </li>
16    <li>肉类</li>
17  </ol>
```

显示效果如图 1.4-3 所示。

图 1.4-3　列表的嵌套使用

【课堂练习 1.4-4】有序列表和无序列表的嵌套使用。

打开 Visual Studio Coder 软件，在<body>标签中输入如下代码：

```
1    <ol>
2        <li>首页</li>
3        <li>软实力技能提升介绍
4            <ul>
5                <li>教学设计</li>
6                <li>行动导向教学</li>
7                <li>微课摄制作</li>
8                <li>专业方向调整</li>
9            </ul>
10       </li>
11       <li>软件产品介绍
12           <ul>
13               <li>掌上校园平台</li>
14               <li>教考分离掌上试题库</li>
15           </ul>
16       </li>
17       <li>项目成果</li>
18       <li>新闻中心</li>
19   </ol>
```

显示效果如图 1.4-4 所示。

图 1.4-4　有序列表和无序列表的嵌套使用

☑ 任务实施

① 打开任务 1.3 中的 index.html 文件。
② 完成"网页广告单页"中菜单栏的显示效果。

```
1    <header>
2    <a href="#">信息工程系</a>
3    <nav>
4        <ul>
5        <li>首页</li>
6            <li>招生计划</li>
7            <li>专业介绍</li>
8            <li>实训环境</li>
9            <li>优秀毕业生</li>
10           <li>联系我们</li>
11       </ul>
```

```
12      </nav>
13  </header>
```

☑ 任务回顾

网页中的列表是一个非常有用的元素。列表用于包含内容相同或相近的元素。
常用列表有三种类型：无序列表、有序列表和定义列表。
在实际运用中，常使用无序列表来实现导航和新闻列表的设置；使用有序列表实现条文款项的表示；使用定义列表来制作图文混排的排版模式。

☑ 任务拓展

HTML 提供的常用列表结构除了无序列表和有序列表外，还有定义列表<dl>。定义列表<dl>不仅仅是一列项目，而且是项目及其注释的组合。用来将"标签内容"中的定义项目内容以缩排的方式显示，定义项目无先后顺序之分，没有编号也没有项目符号。

自定义列表以<dl>标签开始，每个自定义列表项以<dt>开始，每个自定义列表项的定义以<dd>开始。

其语法形式如下：

```
<dl>
    <dt>…</dt>
        <dd>…</dd>
    <dt>…</dt>
        <dd>…</dd>
    …
</dl>
```

【课后练习】完成图 1.4-5 和图 1.4-6 所示的效果。

图 1.4-5　定义列表效果

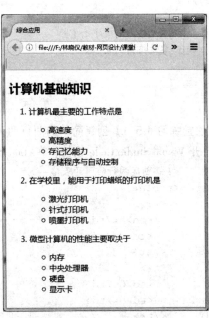

图 1.4-6　综合应用效果

任务 1.5　在网页中添加表格

☑ **学习目标**

① 能够说出表格的三个基本元素。
② 能够使用表格标签对表格的数据结构进行编排，从而呈现数据间的关系。

☑ **任务描述**

根据《百度搜索引擎网页质量白皮书》效果图，制作该白皮书中的表格。

☑ **知识学习与课堂练习**

表格的作用是组织信息。HTML 表格就像是电子表格，由行和列构成，每个表格单元格处于行和列的交汇处。

① 表格由<table>元素来定义，以<table>标记开始，</table>标记结束。
② 表格中的行以<tr>元素来定义，每一行都以<tr>标记开始，</tr>标记结束。
③ 表格中的单元格以<td>元素来定义，每个单元格都以<td>标记开始，</td>标记结束。
④ 表格单元格可包含文本、图片和其他 HTML 元素。

其语法形式如下：

```
<table>
<tr>
   <td>单元格内的文字</td>
   <td>单元格内的文字</td>
    …
</tr>
<tr>
   <td>单元格内的文字</td>
   <td>单元格内的文字</td>
    …
</tr>
    …
</table>
```

【**课堂练习 1.5-1**】创建简单的两行两列表格。

打开 Visual Studio Code 软件，在<body>标签中输入如下代码：

```
1    <!--创建两行两列的表格-->
2    <table>
3       <tr>
4          <td>A</td>
5          <td>B</td>
6       </tr>
7       <tr>
8          <td>C</td>
9          <td>D</td>
10      </tr>
11   </table>
```

显示效果如图 1.5-1 所示。

图 1.5-1　简单的两行两列表格

默认情况下，表格没有边框线，可以使用样式表为其定义边框线、线条样式、粗细和边框颜色。这在后面的章节中会学到。

1. 表格的标题（<caption>元素）

每一个表格都可以通过<caption>元素来对表格的目的做一个简单的说明，<caption>元素的内容用来描述表格的特征，并且<caption>元素必须紧接着<table>元素开始标签后被定义，一个<table>元素中仅能包含一个<caption>元素。

其语法形式如下：

```
<table>
<caption>东部地区的人均 GDP 增长</caption>
...
</table>
```

【课堂练习 1.5-2】添加表格标题。

打开 Visual Studio Code 软件，在<body>标签中输入如下代码：

```
1    <!--创建两行四列的表格-->
2    <table>
3    <caption>东部地区的人均 GDP 增长</caption>
4    <tr>
5        <td>第一季度</td>
6        <td>第二季度</td>
7        <td>第三季度</td>
8        <td>第四季度</td>
9    </tr>
10   <tr>
11       <td>20.4</td>
12       <td>27.4</td>
13       <td>90</td>
14       <td>20.4</td>
15   </tr>
16   </table>
```

显示效果如图 1.5-2 所示。

2. 表格的表头（th 元素）

在表格中还有一种特殊的单元格，称为表头。表格的表头一般位于第 1 行和第 1 列，用来配置列标题或行标题,用<th>和</th>标签来表示。表格的表头与<td>标签使用方法相同,但表头元素中的文本居中和加粗显示。

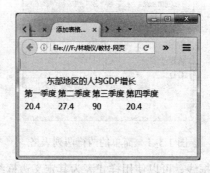

图 1.5-2　添加表格标题

其语法形式如下:

```
<table>
<tr>
   <th>表格的表头</th>
   <th>表格的表头</th>
   …
</tr>
<tr>
   <td>单元格内的文字</td>
   <td>单元格内的文字</td>
   …
</tr>
…
</table>
```

【课堂练习 1.5-3】添加表格表头。

打开 Visual Studio Code 软件,在<body>标签中输入如下代码:

```
1    <!--创建两行五列的表格-->
2    <table>
3    <caption>部分地区常住人口数据统计</caption>
4    <tr>
5        <th>部分地区</th>
6        <th>北京</th>
7        <th>天津</th>
8        <th>河北</th>
9        <th>山东</th>
10   </tr>
11   <tr>
12       <td>人数</td>
13       <td>1962368</td>
14       <td>12938224</td>
15       <td>71854202</td>
16       <td>95793065</td>
17   </tr>
18   </table>
```

显示效果如图 1.5-3 所示。

图 1.5-3 添加表格表头

3. 跨多行、多列的单元格

单元格可以跨越多个横行或竖列的多个单元格，跨越横行或竖列的数量通过 rowspan 或 colspan 属性来对<th>或<td>元素进行设置。

（1）rowspan 属性指定单元格所占的行数

其语法形式如下：

`<td rowspan=跨的行数>`

【课堂练习 1.5-4】设置单元格行跨度。

```
1   <!--创建四行两列的表格-->
2   <table>
3   <caption>某书店销售分类</caption>
4     <tr>
5       <th>类别</th>
6       <th>子类别</th>
7     </tr>
8     <tr>
9       <td rowspan=3>电脑书籍</td><!--合并单元格-->
10      <td>编程类</td>
11    </tr>
12    <tr>
13      <td>图形图像类</td>
14    </tr>
15    <tr>
16      <td>数据库类</td>
17    </tr>
18  </table>
```

显示效果如图 1.5-4 所示。

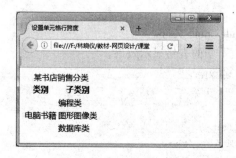

图 1.5-4 设置单元格行跨度

（2）colspan 属性指定单元格所占的列数

其语法形式如下：

```
<td colspan=跨的列数>
```

【课堂练习 1.5-5】设置单元格列跨度。

打开 Visual Studio Code 软件，在<body>标签中输入如下代码：

```
1   <!--创建三行四列的表格-->
2   <table>
3     <caption>某电脑公司销售清单</caption>
4     <tr>
5       <th colspan="5">第一季度</th><!--合并单元格-->
6     </tr>
7     <tr>
8       <td>产品型号</td>
9       <td>1 月份</td>
10      <td>2 月份</td>
11      <td>3 月份</td>
12    </tr>
13    <tr>
14      <td>G280</td>
15      <td>1500</td>
16      <td>1800</td>
17      <td>2350</td>
18    </tr>
19  </table>
```

显示效果如图 1.5-5 所示。

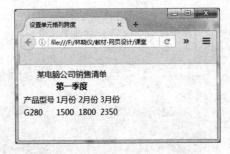

图 1.5-5 设置单元格列跨度

☑ 任务实施

① 打开任务 1.4 中的 index.html 文件。

② 完成"网页广告单页"中的表格显示效果。

```
1   <h3>本科生招生计划</h3>
2   <table>
3     <tr>
4       <th>#</th>
5       <th>专业名称</th>
6       <th>计划招生人数</th>
```

```
7           </tr>
8           <tr>
9               <th>1</th>
10              <td>计算机科学与技术</td>
11              <td>120</td>
12          </tr>
13          <tr>
14              <th>2</th>
15              <td>网络工程</td>
16              <td>60</td>
17          </tr>
18          <tr>
19              <th>3</th>
20              <td>软件工程</td>
21              <td>180</td>
22          </tr>
23      </table>
```

☑ 任务回顾

在日常生活中，我们对表格式数据已经很熟悉了。这种数据有多种形式，如财务数据、调查数据、事件日历、公交时刻表、电视节目等。在大多数情况下，这类信息都会使用表格进行表示。

☑ 任务拓展

在未知表格内容的长度而进行打印时，为了在每页的头尾都印出表格表头和页脚标签内容（此功能需浏览器支持）时，需要在 table 元素的标签内容中配置<thead>、<tfoot>、<tbody>元素。

1. 表格表头<thead>

<thead>元素用来显示表格的表头，为<table>元素的子元素，该标签内容中可包含<tr>元素与<tr>元素的子元素。其用法为<thead>…</thead>。

2. 表格页脚<tfoot>

<tfoot>元素用来显示表格的页脚，为<table>元素的子元素，该标签内容中可包含<tr>元素与<tr>元素的子元素。其用法为<tfoot>…</tfoot>。

3. 表格主体<tbody>

<tbody>元素用来指定表格主体（表格的数据），为<table>元素的子元素，该标签内容中可包含<tr>元素与<tr>元素的子元素。其用法为<tbody>…</tbody>。

【课后练习】使用<thead>、<tfoot>、<tbody>元素完成如图 1.5-6 所示的效果。

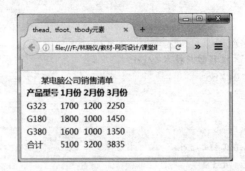

图 1.5-6 使用\<thead\>、\<tfoot\>、\<tbody\>元素完成的效果

任务 1.6 在网页中添加图片

☑ **学习目标**

① 能够了解适合在网页中使用的图片格式。
② 能够区分绝对路径和相对路径。
③ 能够在网页中正确添加图片。
④ 能够正确设置图片属性。

☑ **任务描述**

根据"网页广告单页"效果图，添加该网页中的相关图片。

☑ **知识学习与课堂练习**

1. 图像格式

每天在网络上交流的计算机数不胜数，因此使用的图像格式一定要能够被每一个操作平台所接受。GIF、JPEG 和 PNG 是最适合在网页中使用的文件格式。

① GIF 格式。GIF 格式采用 LZW 压缩，是以压缩相同颜色的色块来减少图像的大小。由于 LZW 压缩不会造成任何品质上的损失而且压缩效率高，再加上 GIF 在各种平台上都可使用，所以很适合在互联网上使用，但 GIF 只能处理 256 色。

GIF 格式适合商标、新闻式的标题或其他小于 256 色的图像。

② JPEG 格式。JPEG 格式通常用来保存超过 256 色的图像格式。JPEG 的压缩过程会造成一些图像数据的损失，所造成的"损失"是剔除一些视觉上不容易察觉的部分。如果剔除适当，视觉上不但能够接受，而且图像的压缩效率也会提高，而使图像文件变小；反之，剔除太多图像，则会造成图像过度失真。

对于照片这类全彩的图像通常都以 JPEG 格式进行压缩。

③ PNG 格式。PNG 图像是指"可移植网络图形"，它提供了将图像文件以最小的方式压缩却又不造成图像失真的技术。不仅具备了 GIF 图像格式的大部分优点，而且还支持 48 bit 的色彩，

更快的交错显示,跨平台的图像亮度控制,更多层的透明度设置,结合了 GIF 和 JPEG 图片的优势,是 GIF 格式很好的替代品。

图像文件类比如表 1.6-1 所示。

表 1.6-1 图片文件类型对比

图片类型	扩展名	压缩	透明	动画	颜色
GIF	.gif	有损	支持	支持	256
JPEG	.jpg 或 .jpeg	有损	不支持	不支持	1000 万以上
PNG	.png	有损	支持	不支持	1000 万以上

2. 图片标签<img>

有了图像文件后,就可以使用<img>标签将图片添加到网页中,从而达到美化页面的效果。<img>元素为空元素,在 HTML 文件中没有终止标签,但在 XHTML 文件中必须在起始标签右括号前加上一个右斜线"/"作结束,或将<img>元素也加上终止标签。

其语法形式如下:

```
<img src="图像文件的地址" / >
```

说明:在该语法中,src 参数用来设置图像文件所在的路径,这一路径可以是绝对路径,也可以是相对路径。

(1)绝对路径

绝对路径是指文件在硬盘上真正存在的路径。例如"bg.jpg"这个图片是存放在计算机硬盘的"E:\book\网页布局\项目一"目录下,那么"bg.jpg"这个图片的绝对路径就是"E:\book\网页布局\项目一\bg.jpg"。此时如果要使用绝对路径指定图片来源,就要使用语句:

```
<img src=" E:\book\网页布局\项目一\bg.jpg" >
```

(2)相对路径

相对路径就是相对于自己的目标文件位置。假如在"s1.htm"文件中需要使用"bg.jpg"图片,由于"bg.jpg"图片相对于"s1.htm"来说,是在同一个目录的,此时如果要使用相对路径指定图片来源,就可以使用语句<img src="bg.jpg">。

如果"s1.html"文件所在的目录为"E:\book\网页布局\项目一",而"bg.jpg"图片所在的目录为"E:\book\网页布局\项目一\img",那么"bg.jpg"图片相对于"s1.htm"文件来说,是在其所在目录的"img"子目录中,则要使用语句<img src=" img/bg.jpg ">。

注意:在网页编程时,很少会使用绝对路径,假如使用"E:\book\网页布局\项目一\bg.jpg"来指定图片路径,在自己的计算机上浏览可能会一切正常,但是上传到 Web 服务器上浏览就很有可能不会显示图片。因为上传到 Web 服务器上时,可能整个网站并没有放在 Web 服务器的 E 盘,有可能是 D 盘或 H 盘。即使放在 Web 服务器的 E 盘中,Web 服务器的 E 盘中也不一定会存在"E:\book\网页布局\项目一"这个目录,因此在浏览网页时不能正常显示图片。

使用相对路径时,只要文件的相对位置没有变,那么无论上传到 Web 服务器的哪个位置,在浏览器中都能正确地显示图片。

在相对路径里常使用"../"来表示上一级目录。如果有多个上一级目录,可以使用多个"../"。假设"s1.htm"文件所在目录为"E:\book\网页布局\项目一",而"bg.jpg"图片所在目录为"E:\book\

网页布局\img",那么"bg.jpg"图片相对于"s1.htm"文件来说,是在其所在目录的上级目录中,则使用图片的语句应该为<img src="../img/bg.jpg">。

【课堂练习 1.6-1】列出相对路径的写法。

文件和图片的绝对路径	src 参数值
文件:E:\book\网页布局\s1.html 图片:E:\book\网页布局\bg.jpg	
文件:E:\book\网页布局\s1.html 图片:E:\book\网页布局\img\bg.jpg	
文件:E:\book\网页布局\s1.html 图片:E:\book\bg.jpg	
文件:E:\book\网页布局\code\s1.html 图片:E:\book\img\bg.jpg	

3. 设置图片属性

(1)图片的幅面大小(width 属性和 height 属性)

在网页中直接添加图片时,图片的大小和原图是相同的。而在实际应用时,可以通过 width 属性和 height 属性分别设置图片的宽度和高度。

其语法形式如下:

`<img src="图像文件的地址" width=图像的宽度 height=图像的高度>`

【课堂练习 1.6-2】设置图片大小。

打开 Visual Studio Code 软件,在<body>标签中输入如下代码:

```
1    <img src="images/dog.jpg" width="100" height="80"/>
2    <img src="images/dog.jpg" width="200" height="150"/>
```

显示效果如图 1.6-1 所示。

图 1.6-1 设置图片大小

也可以使用百分比作为 width 属性和 height 属性值,例如下面的代码将图片缩放到原始尺寸的 50%:

`<img src="images/dog.jpg" width="50%" height="50%"/>`

但一般情况下,不建议使用该方法,而是使用样式表为其定义图片的 width 属性和 height 属性。这在后面的章节中会学到。

（2）图片的说明（title 元素）

title 属性是对图片的文字说明，如果把鼠标指针放在图片上稍作停留，title 属性的值就会以浮动的形式显示出来；在浏览器尚未完全读入图像时，在图像位置处会显示该文字说明。

其语法形式如下：

<img src="图像文件的地址" title="图片的说明">

【课堂练习 1.6-3】添加图片说明。

打开 Visual Studio Code 软件，在<body>标签中输入如下代码：

1　　<img src="images/dog.jpg" title="这是一只狗的图片"/>

鼠标指针放在图片上时显示效果如图 1.6-2 所示。

图 1.6-2　添加图片说明

（3）图片的备用说明（alt 属性）

alt 属性用于添加的图片不存在的情况，或者一些用户为了提高浏览速度而关闭了图片下载。alt 的作用很重要，它的内容会显示在浏览器中，搜索引擎（如百度、谷歌）一般以 title 和 alt 作为图片的描述关键字计入网页权重。

其语法形式如下：

<img src="图像文件的地址" alt="图片的备用说明">

【课堂练习 1.6-4】添加图片的备用说明。

打开 Visual Studio Code 软件，在<body>标签中输入如下代码：

1　　<img src="../image/dog.jpg" alt="这是一只狗的图片"/>

当图片不能应用时显示效果如图 1.6-3 所示。

图 1.6-3　添加图片备用说明

☑ 任务实施

① 打开任务 1.5 中的 index.html 文件。

② 完成"网页广告单页"中图片的显示效果。

```
1   <article>
2       <h2><a name="portfolio">实训环境</a></h2>
3       <hr />
4       <p>我系目前有国家级重点软件工程实验室一间……</p>
5       <section>
6           <div>
7               <img src="img/portfolio/folio02.jpg" />
8               <h4>软件工程实验室</h4>
9           </div>
10      </section>
11      <section>
12          <div>
13              <img src="img/portfolio/folio03.jpg" />
14              <h4>计算机虚拟仿真实验室</h4>
15          </div>
16      </section>
17      <section>
18          <div>
19              <img src="img/portfolio/folio04.jpg" />
20              <h4>计算机综合布线实训室</h4>
21          </div>
22      </section>
23      …
24  </article>
25  …
```

☑ 任务回顾

文本使网页的内容得到充实，图片使网页的内容更加丰富多彩。使用图片不仅能使网页更加美观、大方、整洁、形象和生动，而且能给网页增添无限生机，从而吸引更多的浏览者。因此图片在网页中的作用是举足轻重的。

添加图片使用<img>标签，该标签放在要显示图片的位置，使用 src 属性指定图片源文件所在的路径。

☑ 任务拓展

如何更改图片的扩展名？

我们知道，网页中比较常用的图片扩展名一般有三种，即 jpg、gif 和 png。有时需要对这三种格式的图片进行转换。

① 右击图片，选择"编辑"命令，如图 1.6-4 所示。

项目 1　制作一个网页广告单页的内容

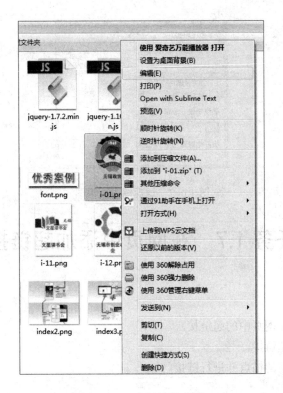

图 1.6-4　右键快捷菜单

② 此时会弹出 Windows 自带的绘图编辑工具。选择"文件"→"另存为"命令，如图 1.6-5 所示，在弹出的对话框中，选择保存位置并设置保存格式，单击"保存"按钮即可，如图 1.6-6 所示。

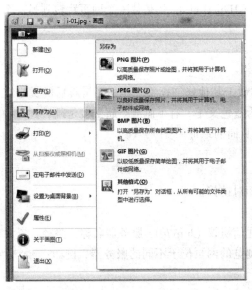

图 1.6-5　选择"另存为"命令　　　　　　　　图 1.6-6　"保存为"对话框

【课后练习】使用表格和图片完成如图 1.6-7 所示的效果。

图 1.6-7 课后练习效果图

任务 1.7 在网页中添加超链接

☑ 学习目标

① 能够正确识别出网页中的超链接。
② 能够正确使用超链接。
③ 能够设置网页中的锚点并进行链接。

☑ 任务描述

根据"网页广告单页"效果图,在该网页中添加超链接。

☑ 知识学习与课堂练习

超文本链接(Hypertext link)通常简称为超链接(Hyperlink),就是从一个网页跳转到另一个网页的途径,是网站中使用比较频繁的 HTML 元素。

1. 给文字添加超链接

超链接的标签是<a></a>,给文字添加超链接类似于其他修饰标签。添加了链接后的文字有其特殊的样式,以和其他文字区分,默认链接样式为蓝色文字,有下画线。超链接是跳转到另一个页面的,<a></a>标签有一个 href 属性负责指定新页面的地址。

其语法形式如下:

`<a href="链接地址">链接文字</a>`

在该语法中,可以使用绝对链接,也可以使用相对链接。

(1)绝对链接

绝对链接必须指名链接资源的绝对位置,包括通信协议(http://)、服务器名称、路径、资源名称等,这种方式通常用于链接资源的位置与目前浏览的网页位于不同的服务器,例如:

`<a href="http://www.baidu.com">百度一下</a>`

(2)相对链接

若链接的目标资源与目前浏览的网页位于相同的服务器上,则"链接目标"并不需要指定链接资源的服务器名称。例如,为了从主页 index.html 链接到相同文件夹中的 sample.html,可以使用相对链接：<a href="sample.html">。

但是，链接网页与被链接的对象若位于不同的目录，则仍然必须明确地指出链接目标所在的目录位置。href 属性值取值情况如表 1.7-1 所示。

表 1.7-1　href 属性值取值情况

链接资源的相对位置	href 的属性值
同一路径下	资源名称 例如：sample.html
下一层路径	路径名称/资源名称 例如：html/sample.html
上一层路径	../资源名称 例如：../sample.html
上层路径下的其他路径	../路径名称/资源名称 例如：../html/sample.html

提示：一般来说，对外链接都是使用"绝对 URL"链接表示法（也只能用这种方法），而对内部链接就使用"相对 URL"表示法。当然，对内链接也可以使用绝对链接表示法，但不便于维护，不建议采用。

【课堂练习 1.7-1】给文字添加超链接。

打开 Visual Studio Code 软件，在<body>标签中输入如下代码：

```
1    <a href="../1.6素材/1.6-1.html">进入图片的设置页面</a>
```

显示效果如图 1.7-1 所示。

图 1.7-1　给文字添加超链接

从图 1.7-1 中可以看到超链接的默认样式，当单击页面中的超链接时，页面将跳转到上节的图片设置页面。当单击浏览器的"后退"按钮，回到该页面时，文字链接的颜色变成了紫色，用于告诉浏览者，此链接已经被访问过。

2. 设置超链接的窗口打开方式

默认情况下，超链接打开新页面的方式是自我覆盖。在创建网页的过程中，有时并不希望超链接的目标页面将原来的页面覆盖。例如，希望不论链接到何处，主页面都保留在原处。这时可以通过 target 参数设置目标页面的属性。

其语法形式如下：

<a href="链接地址" target=目标页面的打开方式>链接文字</a>

在该语法中，target 参数的取值有 4 种，如表 1.7-2 所示。

表 1.7-2　目标页面的打开方式

target 值	目标页面的打开方式
_blank	创建新窗口打开新页面

		续表
	_parent	在上一级窗口打开，常在分帧的框架页面中使用
	_self	自我覆盖，与默认设置相同
	_top	在浏览器的整个窗口打开，将会忽略所有的框架结构

其中，_parent 和 _top 方式用于框架页面。

【课堂练习 1.7-2】在新窗口中打开页面。

打开 Visual Studio Code 软件，在<body>标签中输入如下代码：

```
1    <a href="../1.6素材/1.6-1.html" target="_blank">进入图片的设置页面</a>
```

运行上述代码，单击页面中的超链接时，在一个新的窗口打开上节的图片设置页面。

3. 定义超链接的提示信息

很多情况下，超链接的文字不足以描述所要链接的内容，使用属性 title 可以很方便地指明该链接的信息，当鼠标指针指向该链接时，才会出现一个提示框显示该链接的说明，这样不会影响页面排版的整洁。

其语法形式如下：

```
<a href="链接地址" title="提示信息">链接文字</a>
```

【课堂练习 1.7-3】给超链接添加提示信息。

打开 Visual Studio Code 软件，在<body>标签中输入如下代码：

```
1    <a href="../1.6素材/1.6-1.html" target="_blank" title="单击本链
2    接可以跳转到1.6-1.html页面">进入图片的设置页面</a>
```

鼠标停留在超链接时显示效果如图 1.7-2 所示。

图 1.7-2　给超链接添加提示信息

4. 网页中的锚点

很多网页文章的内容比较多，导致页面很长，浏览者需要不断地拖动浏览器的滚动条才能找到需要的内容。超链接的锚功能可以解决这个问题，我们称为锚点链接，就是用于在单个页面内不同位置的跳转，有的地方称为书签。

（1）设定锚点

要使用锚点引导浏览者，首先要设置页面中的锚点，设置的锚点将确定链接的目的位置。

其语法形式如下：

```
<a id="锚点名称">锚点的链接文字</a>
```

这里可以看到，定义锚点也是用<a></a>标签，锚点的名称用 id 属性定义，该属性是设置锚点所必需的。

注意：id 的命名不能使用 1、2、3 等数字开头，要使用英文开头。

【课堂练习 1.7-4】为页面添加锚点。

项目1 制作一个网页广告单页的内容

打开 Visual Studio Code 软件,在<body>标签中输入如下代码:

```
1    <a id="top">这里是顶站的锚点</a><br />
2    <ol>
3    <li><a >第1任</a></li>
4    <li><a >第2任</a></li>
5    <li><a >第3任</a></li>
6    </ol>
7    <h2>美国历任总统</h2>
8    <ul>
9    <li><p><a id="first">第1任(1789-1797)</a><br />
10       姓名:乔治•华盛顿<br />
11       George Washington<br />
12       生卒: 1732-1799<br />
13       政党:联邦<br /></p>
14   </li>
15   <li><p><a id="second">第2任(1797-1801)</a><br />
16       姓名:约翰•亚当斯<br />
17       John Adams<br />
18       生卒: 1735-1826<br />
19       政党:联邦<br /></p>
20   </li>
21   <li><p><a id="third">第3任(1801-1809)</a><br />
22       姓名:托马斯•杰斐逊<br />
23       Thomas Jefferson<br />
24       生卒: 1743-1826<br />
25       政党:民共<br /></p>
26   </li>
27   </ul>
28   <p><a >回到顶点</a></p>
```

显示效果如图 1.7-3 所示。

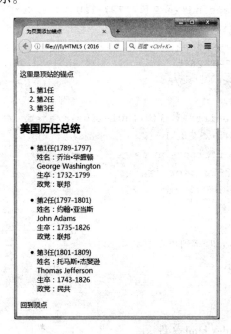

图 1.7-3 为页面添加锚点

在该代码中，虽然添加了锚点，但在显示的页面中并没有任何变化。

（2）链接到锚点

设置锚点的目的是为了让用户方便地在同一页面内跳转，因此实现锚点的链接才是设置锚点的最终目标。链接到页面内的锚点用 href 属性指定对应的名称，在名称前面要加#符号。

其语法形式如下：

`<a href="#锚点名称">用于链接锚点的文字</a>`

如果设置的锚点和用于链接锚点的文字不在同一页面中，其语法形式如下：

`<a href="页面地址#锚点名称">用于链接锚点的文字</a>`

【课堂练习 1.7-5】修改课堂练习 1.7-5。

打开课堂练习 1.7-5 的代码，对<body>标签中的代码进行修改：

```
1    <a id="top">这里是顶站的锚点</a><br />
2    <ol>
3    <li><a href="#first">第 1 任</a></li>
4    <li><a href="#second">第 2 任</a></li>
5    <li><a href="#third">第 3 任</a></li>
6    </ol>
7    <h2>美国历任总统</h2>
8    <ul>
9    <li><p><a id="first">第 1 任(1789-1797)</a><br />
10        姓名：乔治•华盛顿<br />
11       George Washington<br />
12       生卒：1732-1799<br />
13       政党：联邦<br /></p>
14   </li>
15   <li><p><a id="second">第 2 任(1797-1801)</a><br />
16       姓名：约翰•亚当斯<br />
17       John Adams<br />
18       生卒：1735-1826<br />
19       政党：联邦<br /></p>
20   </li>
21   <li><p><a id="third">第 3 任(1801-1809)</a><br />
22       姓名：托马斯•杰斐逊<br />
23       Thomas Jefferson<br />
24       生卒：1743-1826<br />
25       政党：民共<br /></p>
26   </li>
27   </ul>
28   <p><a href="#top">回到顶点</a></p>
```

显示效果如图 1.7-4 所示。

☑ 任务实施

① 打开任务 1.6 中的 index.html 文件。

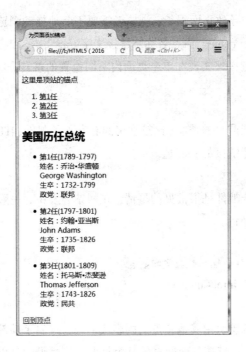

图 1.7-4　为页面添加锚点

② 完成"网页广告单页"中菜单栏的超链接显示效果。

```
1    <header>
2        <a href="#">信息工程系</a>
3        <nav>
4            <ul>
5                <li><a href="#home" >首页</a></li>
6                <li><a href="#about" > 招生计划</a></li>
7                <li><a href="#services" > 专业介绍</a></li>
8                <li><a href="#portfolio" > 实训环境</a></li>
9                <li><a href="#team" > 优秀毕业生</a></li>
10               <li><a href="#contact" > 联系我们</a></li>
11           </ul>
12       </nav>
13   </header>
```

③ 参照步骤②的方法，完成正文中包含超链接的内容。

☑ 任务回顾

所谓超链接，就是当单击某个字或某个图片时，就可以打开另外一个画面，其作用对网页来说相当重要。

超链接是跳转到另一个页面的，<a></a>标签有一个 href 属性负责指定新页面的地址。href 指定的地址一般使用相对地址。

默认情况下，超链接打开新页面的方式是自我覆盖。可以通过 target 属性来指定超链接的其他打开新窗口的方式。

本任务中的内容较多，导致页面很长，浏览者需要不断地拖动浏览器的滚动条才能找到需要的内容。所以我们通过"<a name="锚点名称">链接文字</a>"语句为页面中每个标题设置锚点，在网页目录中进行锚点的链接，实现在单个页面内不同位置的跳转。

☑ 任务拓展

超链接可以进一步扩展网页的功能，比较常用的有发电子邮件、HTTP、FTP以及Telnet连接。完成这些功能只需要修改超链接的href值。

（1）电子邮件的链接

在网络时代，发送电子邮件是很常见的事情。在网站开发中，一般也要给用户设置一个给站点管理员发送电子邮件的平台。

其语法形式如下：

`<a href="mailto:邮件地址">链接文字</a>`

邮件地址必须完整，如 intel@qq.com。

（2）HTTP链接

在设计网站时，有时需要引用其他站点的内容或网址，这属于外部链接。外部链接的一个常用方法是链接HTTP页面，即链接其他网页的某个页面，最常见的是设置站点的友情链接。

其语法形式如下：

`<a href="http://服务器IP地址或域名">链接文字</a>`

（3）FTP的链接

网络中还存在一种FTP协议，这是一种文件传输协议。在很多的FTP地址中，可以获得很多有用的软件和共享文件。

其语法形式如下：

`<a href="ftp://服务器IP地址或域名">链接文字</a>`

FTP服务器链接和网页链接的区别在于所用协议不同。FTP需要从服务器管理员处获得登录的权限，不过部分FTP服务器可以匿名访问，从而能获得一些公开的文件。

（4）Telnet的链接

BBS是校园中流行的一种网络交流平台，Telnet可以用来登录这些BBS网址。

其语法形式如下：

`<a href="telnet://服务器IP地址或域名">链接文字</a>`

课后练习　使用超链接完成如图1.7-5所示的效果。

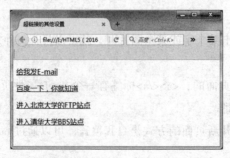

图1.7-5　超链接的其他设置

任务 1.8　在网页中添加表单

☑ 学习目标

① 能够叙述表单与控件的关系。
② 能够在网页中添加表单。
③ 能够正确使用各个控件。

☑ 任务描述

根据"网页广告单页"效果图，在该网页中添加表单。

☑ 知识学习与课堂练习

HTML 表单主要用来收集客户端提供的相关信息，使网页具有交互的功能。

一般地，网站管理者要实现与浏览者之间的沟通，就必须借助于表单这个桥梁。表单通常的应用是调查表、订单和搜索界面等。

1. 表单标签

在 HTML 中，<form></form>标签用来创建一个表单，即定义表单的开始位置和结束位置。在<form>标记中，可以设置表单的基本属性，包括表单的名称、处理程序、传送方法等。

（1）表单名称（name 属性）

name 属性用于给表单命名，表单是要提交到后台的，而一个网页中可能会有多个表单，该名字用于区分。这不是一个必须的属性，但为了防止表单信息在提交到后台处理程序时出现混乱，一般要设置一个与表单功能符合的名称。如注册页面的表单可以命名为"register"。

其语法形式如下：

```
<form name="表单名称">...</form>
```

（2）处理程序（action 属性）

表单的处理程序定义的是表单要提交的地址，也就是表单中收集到的资料将要传递的程序地址。这一地址可以是绝对地址，也可以是相对地址，还可以是一些其他的地址形式，如发送 E-mail 等。

其语法形式如下：

```
<form action="表单的处理程序">...</from>
```

（3）传送方法（method 属性）

method 属性用来定义处理程序从表单中获得信息的方式，可取值为 get 或 post。它决定了表单中已收集的数据是用什么方法发送到服务器的。

其语法形式如下：

```
<form method="传送方式">...</form>
```

在该语法中，传送方式的值只有两种选择：get 或 post。

method=get：表单数据会被视为 ASP 的参数发送，也就是来访者输入的数据会附加在 URL 之后，由用户直接发送至服务器，所以速度比 post 快，但数据长度不能太长。在没有指定 method

时，默认值是 get。

method=post：表单数据是与 URL 分开发送，用户端的计算机会通知服务器来读取数据，所以数据长度没有限制，但速度比 get 慢。

（4）目标显示方式（target 属性）

target 属性用来指定目标窗口的打开方式。表单的目标窗口中往往用来显示表单的返回信息，例如：是否成功提交了表单的内容，是否出错等。

其语法形式如下：

`<form target="目标窗口的打开方式">...</form>`

在该语法中，目标窗口的打开方式包含 _blank、_parent、_self、_top 四个取值。

（5）自动完成功能（autocomplete 属性）

autocomplete 属性规定表单是否应该启用自动完成功能。自动完成允许浏览器预测对字段的输入。当用户在字段开始输入时，浏览器基于之前输入过的值，会显示出在字段中填写的选项。

其语法形式如下：

`<form autocomplete="on/off">...</form>`

在该语法中，autocomplet="on"是默认值，规定启用自动完成功能；autocomplet="off"规定禁用自动完成功能。

【课堂练习 1.8-1】缩写表单框架。

打开 Visual Studio Code 软件，在`<body>`标签中输入如下代码：

```
1   <form name="form_test" action="http://www.baidu.com"
2    method="get" target="_blank" autocomplete="on"></form>
```

以上讲的只是表单的基本构成标签，而表单的`<form>`标签只有和它所包含的具体控件相结合才能真正实现表单收集信息的功能。

2. 使用 input 元素创建表单控件

input 元素可以定义大多数类型的控件，控件的类型取决于 type 的属性值，不同的值对应不同的表单控件（默认值为 text），如表 1.8-1 所示。

表 1.8-1 表单 Type 属性

Type 取值	取值的含义	显示效果
text	文字字段	
password	密码域，输入的数据用星号表示	
radio	单选按钮	
Checkbox	复选项	
button	普通按钮	普通按钮
submit	提交按钮，将把数据发送到服务器	提交
reset	重置按钮，将重置表单数据，以便重新输入	重置
image	图像域，也称图像提交按钮	
file	文件域	选择文件

（1）文字字段（text）

在网页中最常见的是文本字段的表单，如网页的用户登录区。将 input 元素的 type 属性的属性值设置为 text，就可以创建一个普通文本框。

其语法形式如下：

```
<input type="text" name="控件名称" size=控件长度 maxlength=最多字符数 value="文字字段的默认取值"autocomplete="off" placeholder="字段设定值">
```

在该语法中包含了很多参数，其中 name 是定义该文本框的名称，用于和页面中其他控件加以区别；size 定义文本框在页面中显示的长度，以字符作为单位；maxlength 定义在文本框中最多可以输入的文字数；value 用于定义文本框中的默认值；autocomplete 规定是否启用自动完成功能；placeholder 用于描述输入字段预期的提示信息，该提示会在输入字段为空时显示，并在字段获得焦点时消失。

【课堂练习 1.8-2】在表单中添加文字字段。

打开 Visual Studio Code 软件，在<body>标签中输入如下代码：

```
1    <h3>下面是几种不同属性的文本框: </h3><!--标题-->
2    <!--创建文字字段-->
3    <form name="form_text" action="deal.asp" method="post">
4        <p>姓名: <input type="text" name="username"
5        size="15" /></p>
6        <p>爱好: <input type="text" name="hobby" size="15" maxlength="20"
7    placeholder="跑步"/></p>
8        <p>个人主页: <input type="text" name="privateweb"
9        size="15" maxlength="30" value="http://" /></p>
10   </form>
```

效果显示如图 1.8-1 所示。

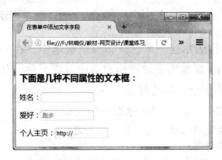

图 1.8-1　在表单中添加文字字段

（2）密码域（password）

将 input 元素的 type 属性的属性值设置为 password，就会创建一个密码文本框。它在网页中的效果和文字字段相同，只是当用户输入文字时，这些文字只显示"*"。

其语法形式如下：

```
<input type="password" name="控件名称" size=控件长度 maxlength=最多字符数 value="文字字段的默认取值" placeholder="">
```

该语法中参数的含义和 text 文字字段的参数一样。

【课堂练习 1.8-3】在表单中添加密码域。

打开 Visual Studio Code 软件，在<body>标签中输入如下代码：

```
1    <h3>下面是几种不同效果的密码域: </h3><!--标题-->
2    <!--创建不同效果的密码域-->
3        <form name="form_password" action="deal.asp" method="post">
4        <p>登录密码: <input type="password" name="username" size="15"/></p>
5        <p>支付密码: <input type="password" name="hobby" size="15"
6    maxlength="20" /></p>
```

```
7       <p>原始密码: <input type="password" name="privateweb" size="15"
8   maxlength="30" value="http://" /></p>
9   </form>
```
效果显示如图 1.8-2 所示。

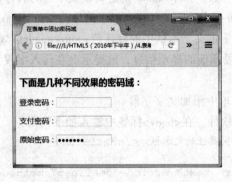

图 1.8-2　在表单中添加密码域

（3）单选按钮（radio）

单选按钮代表互相排斥的选择，在页面中以圆框表示。radio 控件中必须要设置 value 的值。而对于一个选择中的所有单选按钮来说，往往要设定同样一个名称，这样在传递时才能更好地对某一个选择内容的取值进行判断。

其语法形式如下：

```
<input type="radio" value="单选按钮的取值" name="单选按钮的名称"
 checked="checked">
```

在该语法中，checked 属性表示这一单选按钮默认被选中，在一个单选框中只能有一项单选按钮控件设置为 checked；value 属性用来设置用户选中该项目后，传送到处理程序中的值。

【课堂练习 1.8-4】在表单中添加单选按钮。

打开 Visual Studio Code 软件，在<body>标签中输入如下代码：

```
1   <h3>请选择一项你喜爱的运动: </h3><!--标题-->
2   <!--创建简单的单选按钮-->
3   <form name="form_radio" action="deal.asp" method="post">
4       <input type="radio" name="test" value="answerA"
5       checked="checked"/>羽毛球
6       <br />
7       <input type="radio" name="test" value="answerB" />篮球
8       <br />
9       <input type="radio" name="test" value="answerC" />足球
10      <br />
11  </form>
```

效果显示如图 1.8-3 所示。

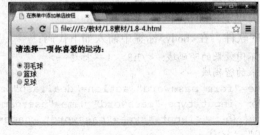

图 1.8-3　在表单中添加单选按钮

（4）复选框（checkbox）

复选框允许在一组选项中选择多个选项，用户可以选择任意多个适用的选项。在页面中以方框表示。

其语法形式如下：

```
<input type="checkbox" value="复选框的取值" name="复选框的名称"
 checked="checked">
```

在该语法中，checkbox 参数表示该选项在默认情况下已经被选中，一个选择中可以有多个复选框被选中。

【课堂练习 1.8-5】 在表单中添加复选框。

打开 Visual Studio Code 软件，在 `<body>` 标签中输入如下代码：

```
1    <h3>请选择你喜爱的运动: </h3><!--标题-->
2    <!--创建简单的复选框-->
3    <form name="form_checkbox" action="deal.asp" method="post">
4        <input type="checkbox" name="test" value="answerA" checked= "checked"/>
5    羽毛球
6        <br/>
7        <input type="checkbox" name="test" value="answerB" checked= "checked"/>
8    篮球
9        <br/>
10       <input type="checkbox" name="test" value="answerC" />足球
11       <br/>
12   </form>
```

效果显示如图 1.8-4 所示。

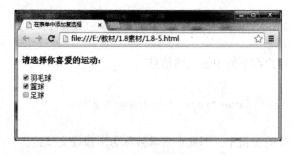

图 1.8-4　在表单中添加复选框

（5）普通按钮（button）

将 input 元素的 type 属性的属性值设置为 button，就会创建一个普通按钮。普通按钮一般情况下要配合脚本进行表单处理。

其语法形式如下：

```
<input type="button" value="按钮的取值" name="按钮的名称" onclick="处理程序">
```

在该语法中，value 的取值就是显示在按钮上面的文字，onclick 参数是设置当鼠标按下按键时所进行的处理。

【课堂练习 1.8-6】 在页面中添加普通按钮。

打开 Visual Studio Code 软件，在 `<body>` 标签中输入如下代码：

```
1    <h3>下面是几个不同功能的按钮</h3><!--标题-->
2    <!--创建不同功能的按钮-->
```

```
3   <form name="form_button" action="deal.asp" method="post">
4       <input type="button" name="button1" value="普通按钮" />
5       <input type="button" name="close" value="关闭当前窗口"
6       onclick="window.close()"/>
7       <input type="button" name="opennew" value="打开窗口"
8       onclick="window.open()"/>
9   </form>
```

显示效果如图 1.8-5 所示。

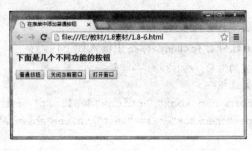

图 1.8-5 在页面中添加普通按钮

单击页面中的"普通按钮"按钮，页面不会有任何变化；单击"关闭当前窗口"按钮，则会关闭当前窗口；单击"打开窗口"按钮，则会弹出一个新的窗口。

（6）提交按钮（submit）

提交按钮是一种特殊的按钮，不需要设置 onclick 参数，在单击该类按钮时可以实现表单内容的提交。

其语法形式如下：

`<input type="submit" name="按钮的名称" value="按钮的取值">`

（7）重置按钮（reset）

重置按钮用来清除用户在页面中输入的信息。

其语法形式如下：

`<input type="reset" name="reset" value="重置">`

（8）图像域（image）

常用在创建特殊效果的按钮中，因此也常常被称为图像提交按钮。

其语法形式如下：

`<input type="image" src="图像地址" name="图像域名称">`

在该语法中，图像地址可以是绝对地址，也可以是相对地址。

（9）文件域（file）

文件域使用户可以浏览到其计算机上的某个文件（如 Word 文档或图形文件）并将该文件作为表单数据上传。

其语法形式如下：

`<input type="file" name="文件域的名称">`

【课堂练习 1.8-7】表单控件的使用。

打开 Visual Studio Code 软件，在<body>标签中输入如下代码：

```
1   <h3>下面是某网站的注册页面</h3><!--标题-->
2   <!--创建表单-->
3   <form name="research" action="1.8-1.html" method="post" target="_
```

```
4    blank" autocomplete="off">
5        <table>
6            <tr>
7                <td>用户名：</td>
8    <!--建立文字字段-->
9                <td colspan="5"><input type="text" name="username" size="20" /></td>
10           </tr>
11   <!--建立密码域-->
12           <tr>
13               <td>登录密码：</td>
14               <td colspan="5"><input type="password" name="password" size=
15   "20" /></td>
16           </tr>
17           <tr>
18               <td>重复密码：</td>
19               <td colspan="5"><input type="password" name="password2" size=
20   "20" /></td>
21
22           </tr>
23           <tr>
24               <td>所在城市：</td>
25               <!--建立单选按钮-->
26               <td><input type="radio" name="city" value="answerA" checked=
27   "checked"/>广东 </td>
28               <td><input type="radio" name="city" value="answerB" />山东 </td>
29               <td><input type="radio" name="city" value="answerC" />山西 </td>
30               <td><input type="radio" name="city" value="answerD" />其他</td>
31               <td><input name="city" type="text" /></td>
32           </tr>
33           <tr>
34               <td>你的爱好：</td>
35               <!--建立复选框-->
36               <td><input type="checkbox" name="hobby" value="A" checked=
37   "checked"/>足球 </td>
38               <td><input type="checkbox" name="hobby" value="B" />羽毛球 </td>
39               <td><input type="checkbox" name="hobby" value="C" />篮球 </td>
40               <td><input type="checkbox" name="hobby" value="D" />其他</td>
41               <td><input name="city" type="text" /></td>
42           </tr>
43           <tr>
44               <td colspan="2">请上传你的头像文件</td>
45               <!--建立文件域-->
46               <td colspan="4"><input type="file" name="picture" /> </td>
47           </tr>
48           <tr>
49   <!--建立提交和重置按钮-->
50               <td><input type="submit" name="submit" value="提交" /></td>
```

```
51            <tdcolspan="5"><input type="reset" name="reset" value="重置" /></td>
52          </tr>
53       </table>
54    </form>
```
效果显示如图 1.8-6 所示。

3. 使用 select 元素创建表单控件

输入类的控件一般以<input>标签开始，说明该控件需要用户的输入；而菜单类则以<select>标签开始，表示用户需要选择。

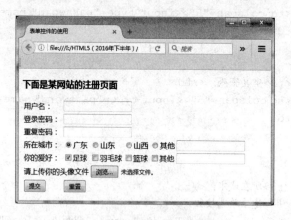

图 1.8-6　表单控件的使用

（1）下拉菜单

下拉菜单在正常状态下只显示一个选项，单击按钮打开菜单后才会看到全部的选项，是一种最节省页面空间的选择方式。

其语法形式如下：

```
<select name="下拉菜单的名称">
<option value="选项值" selected="selected">选项显示内容</option>
<option value="选项值">选项显示内容</option>
...
</select>
```

在该语法中，选项值是提交表单时的值，而选项显示内容才是真正在页面中显示的选项。Selected 表示该选项在默认情况下是选中的，一个下拉菜单中只能有一项默认被选中。

【课堂练习 1.8-8】添加下拉列表。

打开 Visual Studio Code 软件，在<body>标签中输入如下代码：

```
1    <!--创建下拉列表-->
2    <form name="select" action=mailto:yuan@163.com method="post">证件类型：
3      <select name="cardtype" >
4        <option value="id_card" selected="selected">身份证</option>
5        <option value="stu_card">学生证</option>
6        <option value="drive_card">驾驶证</option>
7        <option value="other_card">其他证件</option>
8      </select>
9    </form>
```

显示效果如图 1.8-7 所示。

（2）列表项

列表项的设置方法与下拉菜单类似，不同的是列表项在页面中可以显示出多条信息，一旦超出这个信息数量，在列表项右侧会出现滚动条，拖动滚动条能看到所有的选项。

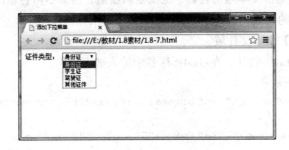

图 1.8-7　添加下拉列表

其语法形式如下：
```
<select name="列表项名称" size="显示列表项数" multiple="multiple">
<option value="选项值" selected="selected">选项显示内容</option>
<option value="选项值">选项显示内容</option>
...
</select>
```

【课堂练习 1.8-9】添加列表项。

打开 Visual Studio Code 软件，在<body>标签中输入如下代码：

```
1    <!--创建列表项-->
2    <form name="select" action=mailto:yuan@163.com method="post"> 证件类型：
3      <select name="cardtype" size="5" multiple="multiple" >
4        <option value="id_card" selected="selected">身份证</option>
5        <option value="stu_card">学生证</option>
6        <option value="drive_card">驾驶证</option>
7        <option value="other_card">其他证件</option>
8      </select>
9    </form>
```

显示效果如图 1.8-8 所示。

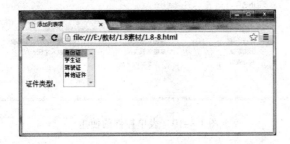

图 1.8-8　添加列表项

4. 创建文本域

除了以上两大类控件外，还有一种特殊定义的文本样式，称为文字域或文本域，它与文字字段的区别在于可以添加多行的文字,从而输入更多的文本内容。这类控件在一些留言板中最常见。

其语法形式如下:

```
<textarea name="文本域名称" value="文本域默认值" rows=行数 cols=列数>
</textarea>
```

在该语法中,rows 是指文本域的行数,也就是高度值,当文本内容超出这一范围时会出现滚动条;cols 设置文本域的列数,也就是其宽度。

【课堂练习 1.8-10】添加文件域。

打开 Visual Studio Code 软件,在<body>标签中输入如下代码:

```
1    <!--创建文件域-->
2    <form name="select" action=mailto:yuan@163.com method="post">
3        <p> 留言: </p>
4        <textarea name="word" rows="5" cols="30"></textarea>
5    </form>
```

显示效果如图 1.8-9 所示。

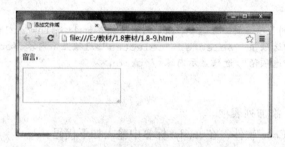

图 1.8-9　添加文件域

【课堂练习 1.8-11】使用正确的表单控件完成如图 1.8-10 所示的效果。

图 1.8-10　表单控件的使用

☑ 任务实施

① 打开任务 1.7 中的 index.html 文件。
② 完成"网页广告单页"中表单的显示效果。

```
1    <form>
```

```
2        <input type="text" name="name" size="20" maxlength="30" placeholder=
3   "姓名" />
4        <input type="text" name="tel" size="11" placeholder ="电话" />
5        <br />
6        <textarea name="word" rows="5" cols="30"placeholder ="提交内容"
7   ></textarea>
8        <br />
9        <input type="submit" name="submit" value="发送邮件" />
10  </form>
```

☑ 任务回顾

每当使用搜索引擎、下订单或者加入邮件列表时，都是在使用表单。表单是一个 HTML 元素，它用于包含和组织称为表单控件的对象，如文本框、复选框和按钮，并从网站访问者那里接收信息。

☑ 任务拓展

在前面的 HTML 中，表单元素必须放在 form 元素所包含的里面，在 HTML5 中，可以把它们写在页面上的任何一个地方，然后给该元素增加一个 form 属性，form 属性的值为 form 表单的 id。另外，HTML5 中还新增了一些表单元素，具体如表 1.8-2 所示。

表 1.8-2　HTML5 新增表单元素

表单元素	功　　能	语 法 形 式
email	提交表单时验证输入值是否满足 email 的格式	<input type="email" name="email"/>
url	提交表单时验证输入值是否满足 url 的格式	<input type="url" name="url"/>
number	根据设置提供选择数字的功能，其中 min 为最小值，max 为最大值，value 为默认值，step 为点击箭头时数字的变化量	<input type="number" name="number" min=2 max=100 step=5 value="15"/>
range	会以一个滑块的形式表现包含一定范围内数字值的输入域，max 为最大值，min 为最小值，value 为默认值，如果没有设置 max 和 min，默认值是 1–100	<input type="range" name="range" min=20 max=200 value="60"/>
date	选取日、月、年	<input type="date" name="date"/>
month	选取月、年	<input type="month" name="month"/>
week	选取周、年	<input type="week" name="week"/>
time	选取小时、分钟	<input type="time" name="time"/>
datetime	选取时间、日、月、年（UTC 时间）	<input type="datetime" name="datetime"/>
datetime-local	选取时间、日、月、年（本地时间）	<input type="datetime-local" name="datetime-local"/>
search	用于搜索域，若加上 result="s"属性，则会在搜索框前面加一个搜索图标	<input type="search" name="search" result="s"/>
tel	验证输入的是否是电话号码的格式（手机号码要求是 11 位，必须是数字）	<input type="tel" name="tel" pattern="[0-9]{11}"/>
color	color 类型会提供颜色拾取器，供用户选择颜色，并将用户选择的颜色填充到此元素中	<input type="color" name="color"/>

【**课后练习**】使用正确的表单元素完成如图 1.8-11 所示的效果。

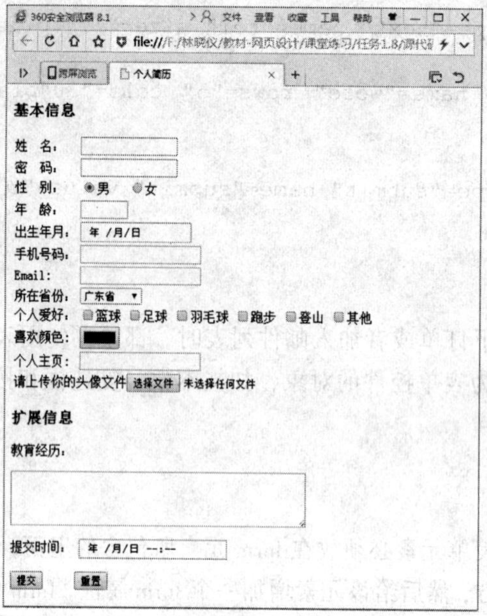

图 1.8-11 表单元素的应用

项目 2　使用 CSS3 设置网页广告单页格式

☑ 项目简介

在项目 1 的基础上，引入 CSS3 样式，设置招生广告单页的页面格式，使其与效果图一致。通过此任务将学习 CSS3 样式加入、属性、选择符等相关知识。

☑ 项目情景

在上一个项目中，我们按照华南工业大学信息工程系招生就业办公室整理好的图文材料，完成了网页内容的制作。

在此项目中，我们将按照设计公司设计的网页界面，完成页面格式的制作，使其与效果图一致。

☑ 项目分析

在项目 1 中，已了解网页制作的一般流程如下：

按照项目 1 制定的计划，将在此项目中完成"设置网页格式""网页测试"的任务。

☑ 能力目标

① 能够使用 CSS3 的样式来设置网页格式。
② 能够根据效果图选择合适的样式来进行页面布局和格式设置。

任务 2.1　将 CSS 样式表引入文件

☑ 学习目标

① 能使用嵌入式方法和外联式方法为网页添加 CSS 样式表。
② 能使用 CSS 标签选择符选择目标标签，使用正确的语法格式编写样式代码。
③ 能使用 CSS 设置文字的大小、颜色和加粗效果。

☑ 任务描述

承接上一任务的系部宣传网页内容，使用 CSS 逐步为页面添加样式效果。为页面添加基本的

CSS 样式代码，掌握 CSS 代码的编写格式。通过标签选择符选择要设置的标签，设置整个页面通用的文字大小样式效果。

☑ 知识学习与课堂练习

在项目 1 的学习中，通过标签的属性可进行一些样式上的设置，但这种方法能制作的网页样式是有限的，而且会使代码繁杂冗长，本项目使用 CSS 设置标签的样式。

1. 认识 CSS

CSS（层叠样式表）是控制标签样式的样式代码，所有标签都可添加 CSS 用于控制它们的样式效果。

CSS 的特点是样式代码和标签代码是分离的，并且同一个样式可为多个标签同时使用，减少了标签部分的代码量，也减少了以后修改代码要花费的时间。如下列 5~9 行为 CSS 的样式代码，代码 15 行为 CSS 设置的对象：

```
1   <html>
2   <head>
3       <meta charset="UTF-8">
4       <title>Document</title>
5       <style>
6       .target{
7           font-size: 20px;
8           color: #F00;
9       }
10      </style>
11  </head>
13
14  <body>
15      <div class="target">css 的设置对象</div>
16  </body>
17  </html>
```

第 5~10 行为 CSS 样式

2. CSS 的添加方法

方法 1 嵌入式：将 CSS 样式代码写在<head></head>标签之间，并且需要使用<style></style>标签包括，格式如下：

```
1   <head>
2       <meta charset="UTF-8">
3       <title>Document</title>
4       <style>
5       /*CSS 样式代码的编写位置*/
6       </style>
7   </head>
```

在<style>内添加 CSS 样式代码，格式如下：

```
1   <style>
2   选择符 1 {
3       color: red;       /* 文字红色 */
4       属性 2: 值;        /* 注释信息 */
```

```
5          属性3: 值;
6      }
7      选择符2 { 样式效果...... }
8  </style>
```

"选择符"用于设置样式应用的标签对象,大括号{}内编写具体的样式效果。样式效果的格式为"属性名: 值;",可设置多条,每条需要以";"结尾,多条样式效果可分行书写,也可都写于一行。另外CSS的注释格式为"/* 注释 */"。

方法2 外联式:将CSS的样式代码写到一个独立的文本文件中,并修改文件的扩展名为.css,在网页文件的<head>部分通过<link>标签引用该文件到网页中使用,格式如下:

CSS样式文件.css
```
1  div{ font-size: 16px; color: #F9F; }
2  选择符2{ 样式效果...... }
```
网页文件.html
```
1  <head>
2      <meta charset="UTF-8">
3      <title>Document</title>
4      <link rel="stylesheet" href="CSS样式文件.css" />
5  </head>
```

<link>代码中,href属性需要填写CSS文件的引用地址,可以填写相对或绝对地址,其余部分为固定代码。在编写整个网站的CSS样式时,建议使用外联式,可使网页文件与CSS样式文件分开,方便阅读和管理。同一个样式文件可被多个网页使用,同一个网页文件也能引用多个样式文件,提高了代码的复用性。

【课堂练习2.1-1】使用CSS设置h1~h6标签的文字颜色,h6文字设置斜体。

① 编辑器,输入如下标签:
```
1   <!DOCTYPE html>
2   <html>
3   <head>
4       <meta charset="UTF-8">
5       <title>Document</title>
6   </head>
7
8   <body>
9   <h1>我是h1</h1>
10  <h2>我是h2</h2>
11  <h3>我是h3</h3>
12  <h4>我是h4</h4>
13  <h5>我是h5</h5>
14  <h6>我是h6</h6>
15  </body>
16  </html>
```

② 在<head></head>标签内添加下面的CSS样式代码,为不同类型的标签设置不同的文字颜色。
```
1   <style>
2       h1{ color: #f00; }   /* <h1>标签的文字颜色为红色 */
3       h2{ color: #d22; }
```

```
4      h3{ color: #b44; }
5      h4{ color: #966; }
6      h5{ color: #788; }
7      h6{ color: #5aa; font-style: italic; }  /* 文字斜体 */
8    </style>
```

3. CSS 选择符

CSS 选择符用于指定样式设置对应的目标，CSS 选择符写法多样，可针对同种标签进行统一设置，也可针对指定标签进行设置。

这里先介绍"标签选择符"的用法，选择符名称使用标签名（如上一练习的 h1、h2）命名，对网页中所有相同类型的标签进行统一设置。

```
1    <style>
2      div{ font-size: 20px; color: #0f0; }/* 设置所有 div 标签 */
3      p{ font-size: 16px; color: #f00; }/* 设置所有 p 标签 */
4      span{ font-weight: bold; }/* 设置所有 span 标签 */
5    </style>
```

4. CSS 样式效果

CSS 样式效果用于设置不同的标签样式效果，格式为"属性名: 值 1 值 2 … ;"。下面介绍几种基本的文字格式效果。

（1）文字大小：font-size

语法：font-size: 值;

取值范围：数值 | 关键词。

固定值：以像素 px 为单位指定文字大小，如 16px。

相对值 1：以 em 为单位，相对于父标签的字体大小进行调节，如 1em 等于父标签的字体尺寸，1.5em 等于父标签字体的 1.5 倍。与之类似的还可以用百分比%为单位，150%作用等同于 1.5em。

相对值 2：以 rem 为单位，相对于<html>标签的字体大小进行调节，如设置<html>的字体大小为 10px，那么 1.6rem 等同于 16px。

其他参数值：xx-small | x-small | small | medium | large | x-large | xx-large 或 smaller | larger。

（2）文字颜色：color

语法：color: 值;

取值范围：颜色值 | 颜色关键词。

十六进制色：如#FF0000 红色、#FF0 黄色、#000 黑色。

RGBA 颜色：如 rgba(255,0,0,0.5)透明度 50%的红色，最后一个参数为透明度。

颜色关键词：如 red、green、blue 等颜色对应的英文单词。

其他：RGB 颜色、HSL 颜色、HSLA 颜色。

（3）文字加粗：font-weight

语法：font-weight:值;

取值范围：粗度关键词 | 粗度数值。

normal：正常的字体。相当于数字值 400。

bold：粗体。相当于数字值 700。

项目 2　使用 CSS3 设置网页广告单页格式

bolder：定义相对于父标签更重的值。
lighter：定义相对于父标签更轻的值。
粗度数值：100｜200｜300｜400｜500｜600｜700｜800｜900，用数字表示文本字体粗细。

【课堂练习 2.1-2】使用 CSS 设置文字样式。

在下列代码中，设置<div>内的字体大小为 18 像素，<p>字体大小为父标签的 1.333 倍，字体加粗，<span>字体颜色为红色。

```
<div>
    <p>敦煌壁画</p>
    <span>敦煌壁画</span>包括敦煌莫高窟、西千佛洞、安西榆林窟共有石窟 552 个，有历代壁画五万多平方米，是我国也是世界壁画最多的石窟群，内容非常丰富。 敦煌壁画是敦煌艺术的主要组成部分，规模巨大，技艺精湛。敦煌壁画的内容丰富多彩，它和别的宗教艺术一样，是描写神的形象、神的活动、神与神的关系、神与人的关系以寄托人们善良的愿望，安抚人们心灵的艺术。
</div>
```

CSS 样式设置和效果：

```
1   <style>
2       div{ font-size: 18px; }
3       p{ font-size: 1.333em; font-weight: bold; }
4       span{ color: #ff0000; }
5   </style>
```

显示效果如图 2.1-1 所示。

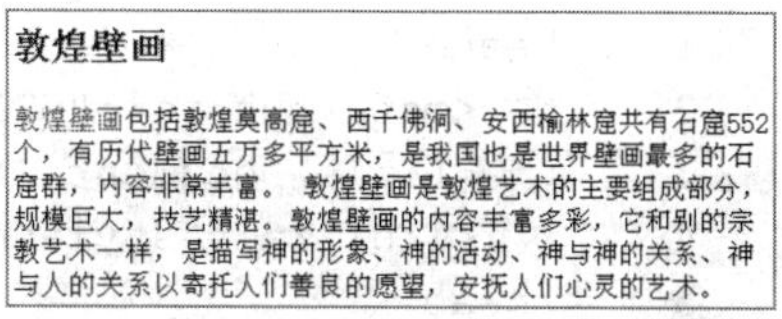

图 2.1-1　使用 CSS 设置文字样式

☑ 任务实施

承接项目 1 的结果，现在开始逐步为系部宣传网页添加 CSS 样式效果。先通过本任务中学习到的标签选择符、文字基本样式为网页的文字设置部分效果。

网页中的普通文字一般是统一大小的，另外<h1>、<h2>、<h3>、<h4>等标题标签可分别设置一种文字效果，以便于统一网页中不同层级标题文字的样式效果。可观察网页的最终制作效果，如图 2.1-2 所示。

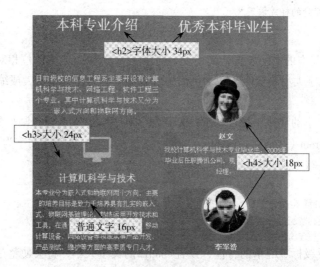

图 2.1-2　网页最终效果

本任务需要为网页设置字体的大小，普通文字 16px（颜色#555）、<h1>文字 40px、<h2>文字

34px、<h3>文字 24px、<h4>文字 18px，并清除标题文字的加粗效果。

① 使用外联式添加网页的 CSS 样式，创建出网页对应的 CSS 文件（命名 index.css），该文件在保存时应选择与网页文件相同的编码（如 UTF8），否则部分 CSS 效果会不生效。在网页文件相同的目录下新建一个文件夹，命名为 CSS，将 CSS 保存于此，便于管理，如图 2.1-3 所示。

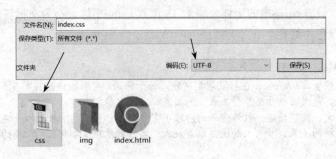

图 2.1-3　新建 CSS 文件夹

② 在网页头部<header>添加<link>引用 CSS 文件。

index.html

```
1    <head>
2        <meta charset="UTF-8">
3        <title>Document</title>
4        <link rel="stylesheet" href="css/index.css" />
5    </head>
```

CSS 文件可分为两个部分，第一部分主要设置网页标签的通用样式效果，将对整个页面生效，以减少网页各模块相同效果的重复设置。第二部分将对各模块独立设置效果，该部分在以后的任务中再进行操作。

index.css

```
1    /*通用样式设定*/
2
3
4    /*页面各部分的样式设定*/
5
6
```

③ 为网页添加基本的文字设置，文字大小使用 rem 为单位，该单位相对于<html>标签的文字大小，当<html>文字大小改变时，整个页面的所有文字也会相应地变大或缩小，起到快速调整页面文字的效果。

为了方便文字大小的计算，设置<html>文字大小为 10px，那么要在某标签设置 16px 大小的文字时，可写为 1.6rem（10px×1.6=16px）。使用该方法设置网页普通文字为 16px，并设置文字颜色，代码如下：

index.css

```
1    /*样式通用样式设定*/
2        html{ font-size: 10px; }      /*网页文字大小的基准*/
3        body{ font-size: 1.6rem; color: #555; }
```

文字样式有向下级标签继承的特性，设置<body>的文字大小，将会使整个页面的文字生效。

④ 设置标题标签 h1～h4 的文字大小和去除加粗效果。

```
1        h1{ font-size: 4rem; font-weight: normal; }
```

```
2      h2{ font-size: 3.4rem; font-weight: normal; }
3      h3{ font-size: 2.4rem; font-weight: normal; }
4      h4{ font-size: 1.8rem; font-weight: normal; }
```
设置后当前页面的效果如图 2.1-4 所示。

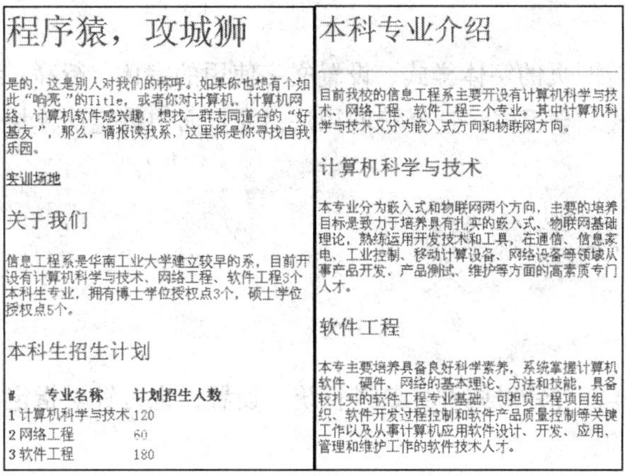

图 2.1-4 当前页面效果

☑ 任务回顾

本任务学习了 Bootstrap 导航条的如下知识：
① 嵌入式方法和外联式方法为网页添加 CSS 样式表的知识。
② CSS 标签选择符选择目标标签，使用正确的语法格式编写样式代码知识。
③ CSS 设置文字的大小、颜色和加粗效果知识。
将这些知识运用到项目中，完成了：
① 使用外联式方法为网页添加 CSS 样式表。
② 修改了网页的内容字体的大小、颜色、加粗格式。

☑ 任务拓展

CSS 的添加方法除了嵌入式和外联式外，还有一种内联式，在标签中直接通过 style 属性添加 CSS 样式效果。

```
1      <p style="color:#f00;">这一行的字体颜色将显示为红色</p>
```

这种方法针对标签单独设置样式，复用性低，会导致标签代码过于臃肿，一般不推荐使用。但内联式的优先级最高，优先于嵌入式、外联式使设置生效，可用于特殊情况。

任务 2.2　使用 CSS 设置段落文字格式

☑ 学习目标

① 能够使用 CSS 的多种选择符选择设置的目标：*、标签选择符、类选择符、id 选择符、包含选择符、分组选择符。

② 能够使用下面的字体样式代码设置文字样式：font-style、font-family、font-size、font-weight、color、line-height、font。

③ 能够使用下面的文本样式代码设置段落样式：text-align、text-indent、text-decoration。

☑ 任务描述

进一步设置系部宣传网页的字体样式，设置文字使用的字体、行高。统一网页中超链接的文字颜色，去除下画线样式。学习多种选择符的用法，为页面中特定的模块设置文字居中、变更文字颜色等样式效果。

☑ 知识学习与课堂练习

1. CSS 选择符

CSS 选择符写法多样，可针对同种标签进行统一设置，也可针对指定标签进行设置，下面介绍几种常用的 CSS 选择符。

① 标签选择符：上一任务中已介绍，不再重复。

② 类选择符：该选择符以"."开头，后面添加自定义的类名称。用于设置添加了"class="类名称""属性的所有标签。定义类名称时不能使用数字开头。

```
1    <head>
2        <style>
3        .aa{ color: #0f0; } /* 作用于第 10 行 */
4        .bb{ color: #f00; } /* 作用于第 11 行 */
5        .cc{ color: #ff0; } /* 作用于第 12、13 行 */
6    /* .01{ color: #ff0; }这是错误的类名称 */
7        </style>
8    </head>
9    <body>
10       <div class="aa">11</div>
11       <div class="bb">22</div>
12       <div class="cc">33</div>
13       <div class="cc">44</div>
14   </body>
```

同一个标签还允许同时使用多个类选择符的样式，如下面的代码中"class="aa bb""代表该标签同时使用.aa{}和.bb{}的样式设置。class 中的多个选择符名称使用空格隔开。

```
1    <div class="aa bb">11</div>
2    <div class="aa bb cc">22</div>
```

③ ID 选择符：该选择符以"#自定义名称"命名，用于设置添加了" id="名称""属性的标签。由于 id 属性主要用于 JavaScript 编程代码，程序中不允许出现 id 重名的标签，所以 id 选择符只对单一标签进行设置，作用范围比不上类选择符。

```
1    <head>
2        <style>
3    #aa{ color: #0f0; } /* 作用于第 9 行 */
4    #bb{ color: #f00; } /* 作用于第 10 行 */
5        </style>
6    </head>
7
```

```
8    <body>
9    <div id="aa">11</div>
10   <div id="bb">22</div>
11   </body>
```

④ 包含选择符：通过标签层次结构选择目标，如果希望只对 h1 中的 span 应用样式，可以这样写"h1 span{ }"，注意两个名称间要用空格隔开。

```
1    <head>
2        <style>
3        h1 span{ color: #f00; }/* 作用于第 10、11 行 */
4        h1 .aa{ font-size: 15px; }/* 作用于第 11 行，对第 14 行无效 */
5        </style>
6    </head>
7
8    <body>
9    <h1>
10       <span>11</span>
11       <span class='aa'>22</span>
12       <font>33</font>
13   </h1>
14   <p class='aa'>
15       <span>44</span>
16   </p>
17   </body>
```

⑤ 结合选择符：将连续书写多个标签选择符、类选择符、id 选择符，中间不加空格，代表选择同时符合多个选择符条件的标签。如"p.aa"选择"class="aa""的<p>标签。

```
1    <head>
2        <style>
3    span.aa{ font-size: 15px; } /* 作用于第 10 行 */
4    font#bb{ color: #f00; } /* 无作用对象 */
5    .aa.bb{ color: #0f0; }   /* 作用于第 13 行 */
6
7        </style>
8    </head>
9
10   <body>
11       <span>11</span>
12       <span class='aa'>22</span>
13       <font class='aa bb'>33</font>
14   </body>
```

⑥ 分组选择符：将不同的选择符使用","相连，如"h1,h2,h3,h4,h5,h6{ }"，可对多种选择符同时应用相同的样式。

```
1    <head>
2        <style>
3        div,h2,.aa,p span{color: #f00;}/*作用于第 8、9、10、12 行*/
4        </style>
5    </head>
6
7    <body>
8    <div>11</div>
9    <h2>22</h2>
```

```
10    <h3 class='aa'>33</h3>
11    <p>
12            <span>44</span>
13    </p>
14    </body>
```

⑦ 选择符*：*用于代指所有类型的标签，即"*{ }"可对所有类型的标签应用相同的设置。

```
1    *{ font-size: 14px; }           /* 设置所有标签的文字大小 */
2    .aa *{ color: #f00; }           /* .aa 内所有标签的文字颜色 */
```

【课堂练习 2.2-1】使用选择符对不同的标签设置样式。

将下面代码设置为图 2.2-1 所示的效果，设置只对"class='style'"中的标签有效，其中"第 n 行"的文字统一加粗。

```
<div class='style'>
        <div class='line1'><span>第 1 行：</span>红色，14 像素</div>
        <div class='line2'><span>第 2 行：</span>灰色，20 像素</div>
        <div class='line3'><span>第 3 行：</span>紫色，26 像素</div>
        <div class='line4'><span>第 4 行：</span>蓝色，32 像素</div>
</div>
```

第1行：红色，14像素
第2行：灰色，20像素
第3行：紫色，26像素
第4行：蓝色，32像素

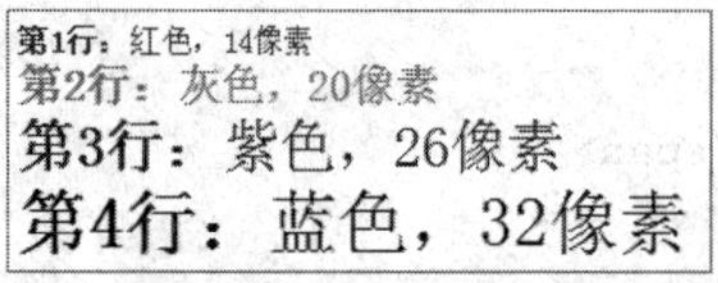

图 2.2-1 使用选择符对不同的标签设置样式

CSS 样式设置：

```
1    .style span{ font-weight: bold; }
2    .style .line1{ color: red; font-size: 14px; }
3    .style .line2{ color: gray; font-size: 20px; }
4    .style .line3{ color: purple; font-size: 26px; }
5    .style .line4{ color: blue; font-size: 32px; }
```

2. CSS 字体样式效果

CSS 中常用的针对字体的样式效果有 font-style、font-family、font-size、font-weight、color、line-height、font，效果如图 2.2-2 所示。

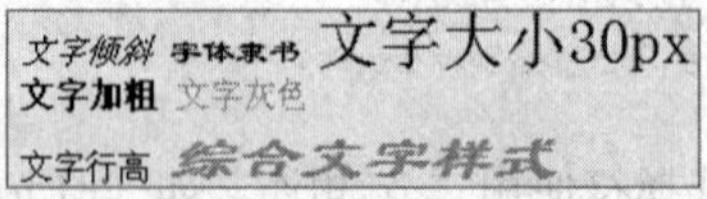

文字倾斜 字体家书 文字大小30px
文字加粗 文字灰色
文字行高 综合文字样式

图 2.2-2 字体的样式效果

部分效果已在上一任务中介绍，这里继续学习余下的内容：

（1）文字风格：font-style

语法：font-style: 风格关键词;

取值范围：normal | italic | oblique。

normal：指定文本字体样式为正常的字体。

italic：指定文本字体样式为斜体。

oblique：指定文本字体样式为偏斜体，效果介于 normal 和 italic 之间。

（2）文字字体：font-family

语法：font-family: 字体名称,后补字体,后补字体;

取值范围：字体名称。

说明：取值以逗号分隔，填入1个或多个字体名称，文字将优先采用第一个名称的字体，如果用户系统中找不到该字体，将依次查找并使用后补字体，如"font-family: 微软雅黑,黑体,宋体;"。

【课堂练习 2.2-2】使用 CSS 设置新闻标题的样式。

将下面的代码设置为图 2.2-3 所示的效果，要求"news"内的<h3>标签字体为黑体、大小 20px，另外<font>标签的字体不加粗，斜体，颜色#999，文字以 em 为单位设置为 14px 的大小。

```
<div class="news">
    <h3>日本麻薯达人旋风级打糕:1秒钟拍击3次 <font>16:17:32</font> </h3>
    <h3>特洛伊木马:男子藏身快递箱进小区抢劫 <font>16:15:11</font> </h3>
    <h3>萌!小花猫照镜子跟自己打招呼走红网络 <font>16:10:20</font> </h3>
</div>
```

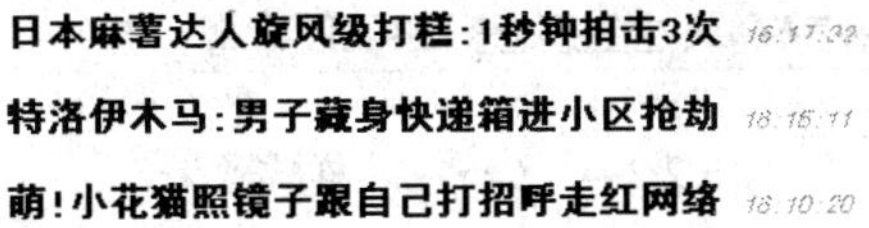

日本麻薯达人旋风级打糕:1秒钟拍击3次 16:17:32

特洛伊木马:男子藏身快递箱进小区抢劫 16:15:11

萌!小花猫照镜子跟自己打招呼走红网络 16:10:20

图 2.2-3　使用 CSS 设置新建标题的样式

CSS 样式设置如下：

```
1    .news h3{ font-family: 黑体; font-size: 20px; }
2        .news font{
3            font-weight: normal;
4            color: #999;
5            font-style: italic ;
6            font-size: 0.7em;   /* 14/20=0.7 */
7        }
```

（3）文字行高：line-height

语法：line-height: 行高数值;

取值范围：以 px、em、%、rem 为单位的数值，或不加单位的倍数值。

说明：可通过行高调整文字行与行之间的距离，使用 px 单位设置固定行高，em、%单位以当前文字大小的对应倍数设置行高，默认行高为文字大小的 1.2 倍，即 1.2em。

（4）文字的综合属性：font

语法：font: 文字风格　小型大写字母　加粗　大小/行高　字体;

取值范围：

按顺序填入"文字风格小型大写字母加粗大小/行高字体"，用于设置多种文字属性，相当于文字属性设置的整合。其中"大小字体"为必填属性，其余为选填，各属性必须按顺序填写。"小型大写字母"的参数为"small-caps"，将英文显示为小号的大写字母。

综合属性在不填写部分参数时，这些参数将设置为默认值。如不填写倾斜和加粗参数，将自动被设置为 normal，即"font: 14px 宋体"相当于"font: normal normal normal 14px/1.2em 宋体"。

【课堂练习 2.2-3】使用 font 属性简写文字样式代码。

将练习 2.2-2 的 CSS 代码，不改变原样式效果，使用 font 属性进行简写。

CSS 样式设置如下，注意<h3>的字体默认是加粗的，使用 font 设置时需要添加"bold"，否则将自动使用"normal"取消掉加粗样式：

```
1    .news h3{ font: bold 20px 黑体; }
2    .news font{
3        font: italic 0.7em 黑体;
4        color: #999;
5    }
```

3. CSS 文本样式效果

针对文本段落整体设置的效果，这里学习 text-align、font-indent、text-decoration 属性，效果如图 2.2-4 所示。

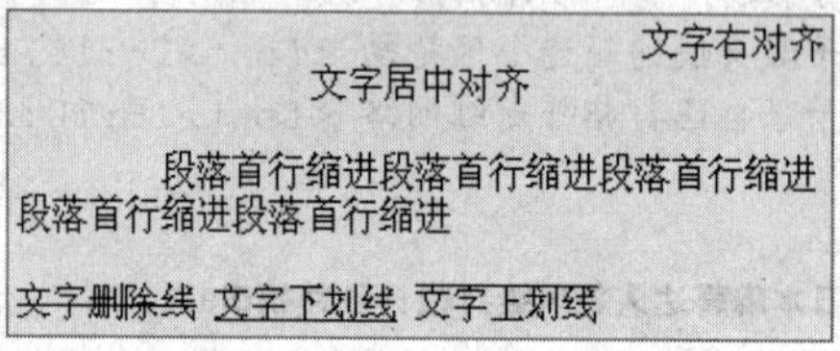

图 2.2-4　CSS 文本样式效果

（1）文本水平对齐方式：text-align

语法：text-align: 关键词;

取值范围：left | right | center | justify。

left：文本左对齐。

right：文本右对齐。

center：文本居中对齐。

justify：文本两端对齐。

（2）段落首行缩进：text-indent

语法：text-indent: 缩进数值;

取值范围：以 px、em、%、rem 为单位的数值。

说明：以 px 为单位首行缩进固定的长度，以 em 为单位首行缩进当前文字大小的倍数长度，如"text-indent: 2em;"无论字体大小固定缩进 2 个字符的距离。

（3）文本修饰：text-decoration

语法：text-decoration: 关键词;

取值范围：underline | overline | line-through | none。

underline：指定文字的修饰是下画线。

overline：指定文字的修饰是上画线。

line-through：指定文字的修饰是贯穿线。

none：指定文字无修饰。

【课堂练习 2.2-4】使用 CSS 设置新闻标题的样式。

制作图 2.2-5 所示的样式效果，网页的标签结构自行制作，标题居中对齐，文章内容两端对齐，行高为文字大小的 1.5 倍，段落首行缩进 2 个字符，"点击…"为超链接，样式不显示下画线。

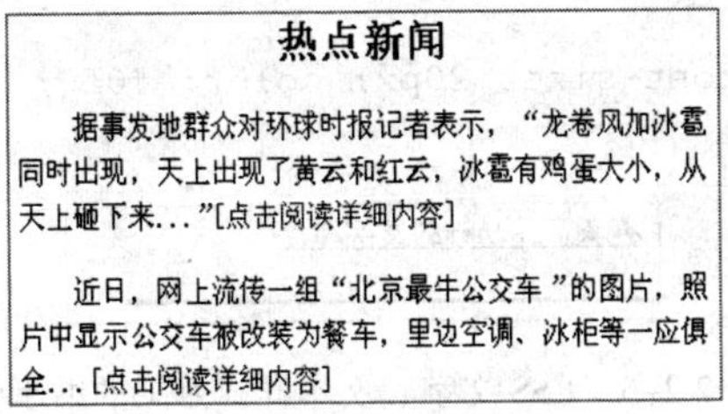

图 2.2-5 设置新闻标题的样式

html 标签代码：
```
<div class='news'>
    <h2>热点新闻</h2>
    <p>
        据事发地群众对环球时报记者表示，"龙卷风加冰雹同时出现，天上出现了黄云和红云，冰雹有鸡蛋大小，从天上砸下来..." [<a href="#">点击阅读详细内容</a>]
    </p>
    <p>
        近日，网上流传一组"北京最牛公交车"的图片，照片中显示公交车被改装为餐车，里边空调、冰柜等一应俱全...[<a href="#">点击阅读详细内容</a>]
    </p>
</div>
```

CSS 样式设置如下：
```
1    .news h2{ text-align: center; }
2    .news p{
3        text-align: justify;
4        text-indent: 2em;
5        line-height: 1.5em;
6    }
7    .news a{ text-decoration: none; }
```

4. CSS 文字、文本样式效果的继承性

CSS 文字、文本样式效果具有继承性，如果某一标签设置了文字大小 16px，那么它的所有后代标签都会具有该属性，除非后代标签自带同种的文字属性，或通过 CSS 设置了新的属性将其覆盖，具体可参考下面的例子。非文字、文本类型的样式效果不具备继承特性。

例如：为父层<div>标签设置文字属性，观察最底层<span>标签的文字是否有继承效果。

html
```
1    <div class='parent'>
2        <div>
3            <span>继承了father的文字属性</span><br>
4            <span class='children'>覆盖了father的文字属性</span>
5        </div>
6    </div>
```
css
```
1    .parent{
2        font-style: italic;
3        font-size: 14px;
4        color: #00f;
5        text-decoration:underline;
```

```
6       }
7       .children{ font-size: 20px; color: #0f0; }
```
显示效果如图 2.2-6 所示。

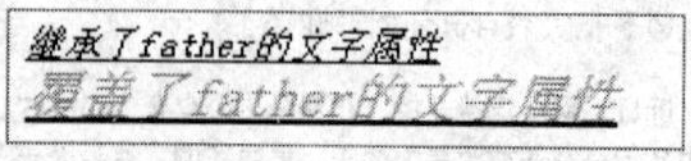

> 继承了father的文字属性
> 覆盖了father的文字属性

图 2.2-6 CSS 文字、文本样式效果的继承性

☑ 任务实施

统一系部宣传网页的字体为宋体,并设置文字行高为字体大小的 1.5 倍。设置超链接文字颜色为#555,并除去默认的下画线。为网页中特定的部分设置文本居中或文字白色等样式。

① 承接上一任务的 CSS 设置,为 body 选择符添加字体样式,设置后将向下继承到每一个标签中。

虽然在 body 中设置行高 "line-height:1.5em" 也会向下继承,但实际继承的是由当标签计算出的行高 px 值,即 "line-height:24px(16px × 1.5)",导致网页中所有文字行高都是一样的。这时应使用选择符*设置行高,这样每种标签都会根据自身的文字大小得出对应的行高。

```
1    *{ line-height: 1.5em; }        /* 所有标签的行高 */
2    body{
3        font: 1.6rem 宋体;
4        color: #555;
5    }
```

② 设置超链接的样式。

③ 将上一任务中针对 h1~h4 标签 font-weight 属性的设置,使用分组选择符进行简写。

```
1    a{ color: #555; text-decoration:none; }
2    h1,h2,h3,h4{ font-weight: normal; }
```

④ 使用类选择符设置文字白色、文本居中。

```
1    .white{ color: white; }
2    .center{ text-align: center; }
```

为 HTML 标签代码中需要设置文字居中效果的模块添加属性 class='white',部分代码如下(文字白色暂不添加,会导致文字无法看见):

```
1    <div class='center'>      <!-- 整个模块的文字居中 -->
2        <h1><a name="home">程序猿,攻城狮</a></h1>
3        <p>是的,这是别人对我们的称呼。如果你也想有个如此"响亮"的 Title,或者你对计
4        算机、计算机网络、计算机软件感兴趣,想找一群志同道合的"好基友",那么,请报读我系,
5        这里将是你寻找自我的乐园。</p>
6        <a href="#">实训场地</a>
7    </div>
```

或者:

```
1    <div>     <!-- 该模块部分的文字居中 -->
2        <h2 class='center'><a name="portfolio">实训环境</a></h2>
3        <hr />
4        <p class='center'>我系目前有国家级重点软件工程实验室一间,计算机虚拟仿真实
5        验室、计算机综合布线实训室、计算机嵌入式系统开发实验室、物联网实验室共 4 间省级重点
6        实验室。</p>
7        <div>
8            <img src="img/portfolio/folio02.jpg" />
```

```
9        <h4>软件工程实验室</h4>
10   </div>
```
设置后当前页面的效果如图 2.2-7 所示。

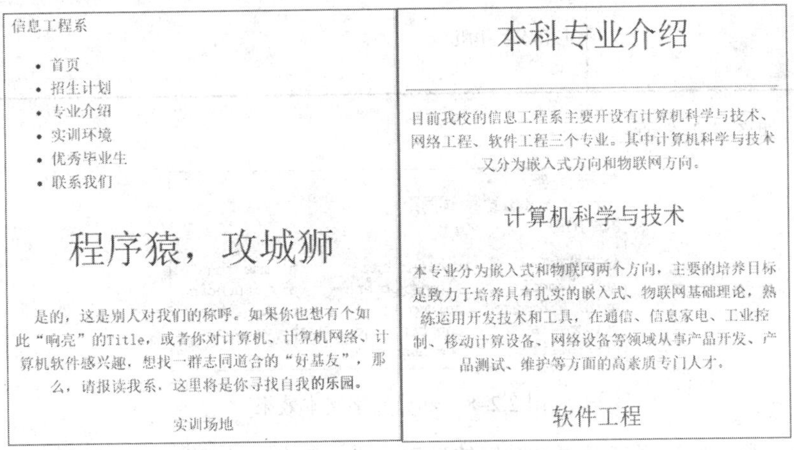

图 2.2-7 设置文字居中的效果

☑ 任务回顾

本任务学习了如下知识：
① 通配选择符、标签选择符、类选择符、id 选择符、包含选择符、分组选择符。
② font-style、font-family、font-size、font-weight、color、line-height、font 等字体样式。
③ text-align、text-indent、text-decoration 的文本样式。

将这些知识运用到项目中，完成了：
① 使用字体样式代码设置文字样式。
② 使用文本样式代码设置段落样式。
③ 在设置样式时合理选择样式的选择符。

☑ 任务拓展

除了上述的文字文本效果，其余相关的效果代码如表 2.2-1 所示，请自行查阅资料学习用法。

表 2.2-1 相关的效果代码

属 性	作 用
font-variant	将英文为设置小型大写字母
font-stretch	对当前的 font-family 进行伸缩变形
text-transform	控制文本的大小写
word-break	设置文字的换行规则
word-wrap	允许长单词换行到下一行
letter-spacing	增加或减少字符间的空白（字符间距）
word-spacing	增加或减少单词间的空白（即词间隔）
white-space	设置对文字中空格的处理方式
text-shadow	设置文本阴影效果

续表

属性	作用
column-count	
column-gap	段落分栏排版
column-rule	

部分效果如图 2.2-8 所示。

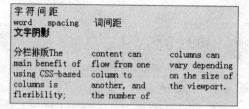

图 2.2-8　部分文字文本效果

CSS 允许多个 CSS 选择符对同一个标签设置样式，但多个选择符都设置同一种样式时（如都设置文字的颜色，但设置的颜色不一样），应该使用哪个选择符的设定？

CSS 将按以下的规则优先采用选择符的设定：

① 相同类型的选择符，优先采用后者的设置，例如：

HTML 标签代码：

```
1    <div class="A">选择符优先级</div>
```

CSS 标签代码：

```
1    .A { color: blue; }
2    .A { color: red; }        /* 优先生效 */
3
4    div { font-size:14px; }
5    div { font-size:20px; }  /* 优先生效 */
```

② ID 选择符、类选择符、标签选择符同时设置，优先采用 ID 选择符的设置，其次是类选择符，最后才是标签选择符（即优先顺序是 ID 选择符>类选择符>标签选择符），例如：

HTML 标签代码：

```
1       <div class="A" id="A">选择符优先级</div>
```

CSS 标签代码：

```
1    .A { color: blue; }       /* 优先生效 */
2    div { color: red; }
3
4    .A { font-size:14px; }
5    #A { font-size:20px; }   /* 优先生效 */
```

③ 包含选择符包含层次较多时，优先采用命名中 ID 选择符出现次数较多的选择符，如果 ID 选择符不存在或数量一样，再选择类选择符数量较多的那个，最后才考虑标签选择符，例如：

HTML 标签代码：

```
1       <div class="A">
2          <div class="B">
3             <div class="C">
4                <div id="D">
5                   选择符优先级
```

```
6                </div>
7              </div>
8          </div>
9      </div>
```

CSS 标签代码：
```
1    #D { color:blue; }                              /* 优先生效 */
2      .A .B .C div { color:red; }
3
4      #D { font-size:14px; }
5      .A .B .C #D { font-size:20px; }              /* 优先生效 */
6
7      .A .B .C div { font-weight:bolder; }         /* 优先生效 */
8      .A div .C div { font-weight:normal; }
9
10     div .B .C div { font-style:italic; }         /* 优先生效 */
11     .A .C div { font-style:normal; }
12
13     div div { font-family:黑体; }
14     div div div div { font-family:宋体; }         /* 优先生效 */
```

选择符优先被采用的规则可总结如下：

① 先判断选择符命名中 id 选择符，数量多的优先被采用。

② id 选择符数量相同的情况下，判断类选择符的数量，数量多的优先被采用。

③ 类选择符数量同样相同的情况下，判断标签选择符的数量，数量多的优先被采用。

④ 如果每一种选择符数量都一致，后者被采用。

任务 2.3 使用 CSS 实现网页布局

☑ 学习目标

① 能使用宽高属性（width、height）控制标签的大小，使用边界、填充属性（margin、padding）控制标签内外的间距。

② 能修改标签的类型，使一种标签能具有其他标签的特性。

③ 能使用浮动和清除浮动属性（float、clear），正确控制标签的水平排列，并实现网页的整体排版布局。

④ 能口述标签盒模型的结构概念，能使用两种盒模型控制标签的宽高范围。

☑ 任务描述

设置系部宣传网页每个模块的宽高、间距，统一网页的整体布局，并完善各标签的排版布局。

☑ 知识学习与课堂练习

1. 标签的宽高设置

网页中大多数标签都会占用一定的空间，即标签拥有宽度和高度属性，通过设置标签的宽高可影响页面的排版，宽高样式的语法如下：

宽：width: 宽度数值 px/% | auto；

高：height: 高度数值 px/% | auto；

说明：宽高属性可使用 px 为单位设置固定长度，也可以使用%设置相对长度，%以当前标签的父标签为参考。即如果父标签设置为"width: 500px;"，当前标签设置为"width: 40%;"，则实际宽度为 200px。

宽高属性也可设置为 auto（自动），等同于不设置宽高属性。此时宽度将默认设置为允许的最大值，即等同于父标签的宽度；高度将随标签的内容自动扩展高度。

例如，为不同标签设置不同宽高度参数，代码如下：

HTML 标签代码：

```
1    <div class='wh'>
2        <div class='wh1'>宽300px，高50%</div>
3        <div class='wh2'>宽不设置，高50px</div>
4        <div class='wh3'>宽200px，高不设置</div>
5    </div>
```

CSS 标签代码：

```
1    .wh{ background: #ddd; width: 400px; height: 200px; }
2    .wh1{ background: #0dd; width: 300px; height: 50%; }
3    .wh2{ background: #d0d; height: 50px; }
4    .wh3{ background: #dd0; width: 200px; }/*background背景色*/
```

显示效果如图 2.3-1 所示。

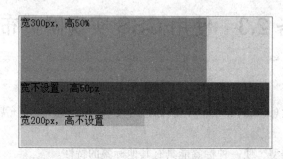

图 2.3-1 为不同标签设置不同宽高度参数

当标签设置了宽高后，标签的大小将会被固定，即使标签的内容超过标签的宽或高也不改变，超出的内容会溢出标签，如图 2.3-2 所示。

图 2.3-2 内容溢出标签

如果希望标签能保持一定的大小，又能灵活地适应内容或网页的变化，可以使用表 2.3-1 所示的宽度和高度相关属性。

项目 2 使用 CSS3 设置网页广告单页格式

表 2.3-1 宽度、高度相关属性

语法	简介
min-width: 值;	设置标签宽度的最小值
max-width: 值;	设置标签宽度的最大值
min-height: 值;	设置标签高度的最小值
max-height: 值;	设置标签高度的最大值

以上面的标签为例,要求父标签的高度要为 100px,但当标签的内容过多时,可以自动增加高度以适应内容。这时可将高度设置改为 "min-height:100px;",标签将最少保持 100px 的高度,但还具有原本自动适应内容高度的特性,效果如图 2.3-3 所示。

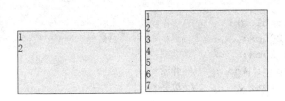

图 2.3-3 自动增加高度以适应内容

【课堂练习 2.3-1】为标签设置适应页面变化的宽度。

为一个 <div> 标签设置高度 100px,宽度为浏览器窗口的 50%,但要求该宽度随着浏览器宽度变化时,宽度最小不能小于 300px,最大不能超过 500px。

CSS 标签代码:

```
1    div{
2        width: 50%;
3        min-width: 300px;
4        max-width: 600px;
5        height: 100px;
6        background: #eee;
7    }
```

2. 标签的类型设置

在项目 1 中学习过块元素、内联元素等标签类型,其中内联元素标签是无法设置宽高度的,这时可通过 CSS 的 display 属性修改标签的类型,修改为块元素或内联块元素,使宽高可生效。

语法:display:关键词;

取值范围:none | block | inline | inline-block | list-item | …。

none:隐藏对象。

block:指定对象为块元素。

inline:指定对象为内联元素。

inline-block:指定对象为内联块元素。

list-item:指定对象为列表元素。

说明:除了上述标签类型外,还有针对表格的 table 类型系列,最新的弹性盒子 flex、inline-flex 类型,请自行查阅资料学习。

【课堂练习 2.3-2】使用<a>标签制作垂直排列的超链接列表。

<a>标签属于内联元素，默认水平排列，无法设置宽高。现在修改其标签类型为块元素，使其垂直排列，并设置固定的宽高 200px × 25px（可添加背景、边界识别标签的区域）。

HTML 标签代码：

```
1   <div class="list">
2       <a href="#">超链接1</a>
3       <a href="#">超链接2</a>
4       <a href="#">超链接3</a>
5       <a href="#">超链接4</a>
6   </div>
```

CSS 标签代码：

```
1   .list a{
2       display: block;
3       width: 200px;
4       height: 25px;
5       background: #ddd;      /*背景*/
6       margin: 1px;           /*边界*/
7   }
```

显示效果如图 2.3-4 所示。

图 2.3-4　垂直排列的超链接列表

3. 使用 float 属性设置标签的水平排列

若要使多个标签水平排列，且可控制宽高，使用块元素和内联元素都不能满足，使用内联块元素（inline-block）也不能精确的设置，这时需要使用 CSS 的浮动属性 float。

语法：float: 关键词;

取值范围：none | left | right。

none：设置对象不浮动。

left：设置对象浮在左边。

right：设置对象浮在右边。

说明：设置了 float 属性的标签 display 属性将会失去效果（除了 display:none;），将采用新的排版规则，标签按设置的方向水平排列，标签之间顶端对齐，宽高可设置。

例如，为练习 2.3-4 的<a>标签添加 "float:left;" 属性，标签将从垂直排列变为水平排列。

```
1   .list a{
2       display: block;
3       width: 100px;
4       height: 25px;
5       background: #ddd;      /*背景*/
6       margin: 1px;           /*边界*/
7       float: left;
8   }
```

显示效果如图 2.3-5 所示。

图 2.3-5 水平排列的超链接列表

如果将标签设置为"float:right;",标签将从右向左依次排列,如图 2.3-6 所示,注意标签的顺序。

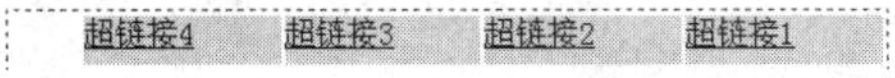

图 2.3-6 从右向左排列的超链接列表

如果父层标签宽度无法容纳所有的浮动标签,多余的将自动排列到下一行,如图 2.3-7 所示。

图 2.3-7 自动排列到下一行的超链接列表

如果浮动元素的高度不同,那么当它们向下移动时可能被其他浮动元素"卡住",如图 2.3-8 所示。

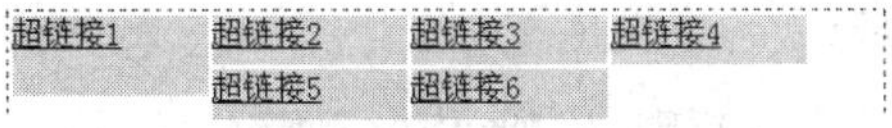

图 2.3-8 被"卡住"的超链接列表

4. 使用 clear 属性清除 float 属性对后续标签带来的影响

设置了 float 的标签并不占用网页的面积,后面不设置 float 的标签会与其重合,文字会以环绕方式排列,代码如下:

```
1    <div class="list">
2        <a href="#">超链接 1</a>
3        <a href="#">超链接 2</a>
4        <a href="#">超链接 3</a>
5        <a href="#">超链接 4</a>
6    </div>
7
8    <div>     <!--该标签无浮动属性 -->
9        敦煌壁画包括敦煌莫高窟、西千佛洞、安西榆林窟共有石窟 552 个,有历代壁画五万多平方
10       米,……
11   </div>
```

显示效果如图 2.3-9 所示。

图 2.3-9 文字环绕方式排列的效果

为了避免这种情况,可对紧接浮动标签的后一个标签设置浮动清除 clear 属性,该属性可让浮动标签恢复为占用网页面积的状态,可停止浮动标签对后续的影响。

语法:clear: 关键词;

取值范围:none | both | left | right。

none：不清除浮动状态。
both：清除浮动状态。
left：清除左浮动的状态。
right：清除右浮动的状态。
说明：一般会在浮动标签后，使用一个空的<div>标签来实现浮动清除，该标签在页面中不可见，代码如下：

HTML 标签代码：
```
1    <div class="list">
2        <a href="#">超链接1</a>  <!--浮动标签-->
3        <a href="#">超链接2</a>
4        <a href="#">超链接3</a>
5        <a href="#">超链接4</a>
6        <div class="clear"></div>   <!--不加内容，用于清除浮动-->
7    </div>
```

CSS 标签代码：
```
1    .clear{ clear: both; }
```
显示效果如图 2.3-10 所示。

图 2.3-10　浮动清除效果

【课堂练习 2.3-3】制作如图 2.3-11 所示的网页整体布局结构。

图 2.3-11　网页整体布局结构

网页整体结构由数个标签组成各个大的模块，需要使用块元素标签，便于控制各模块的尺寸，代码如下[网页的所有内容应被一个标签包括（第 1 行的标签），方便对网页整体宽度的调整，不设定宽度则自动适应浏览器的宽度]：

```
1    <div class="main"><!--网页主体内容-->
2        <header>头部</header>
3
4        <aside>侧栏</aside>
5        <article>主栏</article>
6        <div class="clear"></div><!--清除浮动-->
7
8        <footer>底部</footer>
```

项目 2　使用 CSS3 设置网页广告单页格式

```
9          </div>
```

为每个模块的标签设置宽高。水平排列的模块需要设置浮动属性，如果不能确定网页的整体宽度，可使用%为单位设置每个模块占用的比例，并在最后一个浮动标签的结尾添加清除浮动的标签。

```
1    header{ background: #AAEEEE; height: 50px; }
2        aside{
3             background: #9DFCC3;
4             float: left;
5             width: 30%;
6             height: 200px;
7        }
8        article{
9             background: #CECEFD;
10            float: right;
11            width: 70%;
12            height: 300px;
13       }
14   footer{ background: #FCE99D; height: 50px; }
15   .clear{ clear: both; }
```

5．标签的内外边距

从上一练习可发现，块元素标签或浮动的标签的排版都是紧密连接的，或者标签与标签内的内容也是紧密连接的。如果需要在标签的外部或内部隔开一个边距，可通过边界属性 margin 和填充属性 padding 来实现。

margin 语法（见表 2.3-2）：

表 2.3-2　margin 语法

语　　法	简　　介
margin-top: 距离数值;	设置标签的上边距
margin-right: 距离数值 | auto;	设置标签的右边距
margin-bottom: 距离数值;	设置标签的下边距
margin-left: 距离数值 | auto;	设置标签的左边距
margin: 距离数值 | auto;	设置标签 4 个方向的边距

取值范围：以 px、%、em 为单位的数值，或关键词 auto。

说明：使用%为单位时以当前标签的父标签的宽为参考对象，em 单位以当前文字大小为参考对象。auto 值仅对块元素标签（非浮动）的左右边界有效，可使标签自动居中。

margin 相当于上下左右 4 个方向的综合设置，可填入 1~4 个参数，根据填入参数数量的不同，效果不一样，具体如下：

① 如果提供全部四个参数值，将按上、右、下、左的顺序作用于四边，如图 2.3-12（a）所示。

② 如果提供三个，第一个用于上，第二个用于左、右，第三个用于下，如图 2.3-12（b）所示。

③ 如果提供两个，第一个用于上、下，第二个用于左、右，如图 2.3-12（c）所示。

④ 如果只提供一个，将用于全部的四边，如图 2.3-12（d）所示。

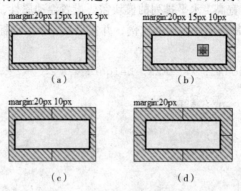

图 2.3-12　标签的内外边距效果

部分标签自带 margin 属性，如 p、h1~h5、body 标签等，在布局排版时请注意。
padding 语法（见表 2.3-3）：

表 2.3-3　padding 语法

语　　法	简　　介
padding-top: 距离数值;	设置标签的上内边距
padding-right: 距离数值;	设置标签的右内边距
padding-bottom: 距离数值;	设置标签的下内边距
padding-left: 距离数值;	设置标签的左内边距
padding: 距离数值;	设置标签 4 个方向的内边距

取值范围：以 px、%、em 为单位的数值。

说明：各参数的用法与 margin 类似。不再重复说明，但不能添加 auto 关键词。

补充：margin 和 padding 对大多数类型的标签（包括浮动、定位标签）都有效果，除了部分 table 元素相关的标签。但不建议内联元素（inline）的标签添加这些属性，可能会导致文字排版的错乱。

【课堂练习 2.3-4】进一步完善上一练习，完成如图 2.3-13 所示的效果。

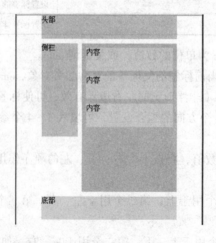

图 2.3-13　网页在浏览器中居中放置

固定网页整体内容的宽度,并在浏览器中居中放置。为每个模块之间设置边距。

定义网页主体标签<div class="main">的宽度,通过 margin 使其水平居中放置。另外<body>标签自带 margin 属性,使浏览器两边有留白,设置<body>的 margin 为 0,可使网页内容紧贴浏览器边缘。

```
1    body{ margin: 0; }
2    .main{ width: 300px; margin: 0 auto; }
```

为各标签追加或修改边距、宽度数字属性。

```
1    header{ margin-bottom: 10px;}
2    aside{width: 27%;margin-right: 3%;}
3    footer{margin-top: 10px;}
```

为<article>追加内部内容,并通过 padding 设置内部边距。

HTML 标签代码:

```
1    <article>
2        <section>内容</section>   <!--追加的内容 -->
3        <section>内容</section>
4        <section>内容</section>
5    </article>
```

CSS 标签代码:

```
1    article{           /*修改、补充的设置,总宽度70%*/
2        width: 64%;
3        padding: 3%;
4    }
5    article section{/*对新内容的设置*/
6        background: #CCEBFF;
7        height: 50px;
8        margin-bottom: 10px;
9    }
```

注意水平方向上的总边距、宽度相加后,不要超过父层标签的宽,否则会导致一行内无法放下所有内容。

6. 盒子模型和标签总长宽的计算

大多数标签在网页中占用的空间由以下几个属性决定:宽度(width)、高度(height)、边框(border)、边界(margin)、填充(padding)。标签如同一个矩形的盒子,我们将这种结构称之为盒子模型。

盒子模型又分为两种,一种是标准盒模型,如图 2.3-14 所示的结构,标签默认使用这种结构。标准盒模型占用总宽度、高度的计算方法如下:

总宽度=左边界+左边框+左填充+宽+右填充+右边框+右边界
总高度=上边界+上边框+上填充+高+下填充+下边框+下边界

另一种是怪异盒模型,标签的总宽/高度由边界、宽/高值决定,不受边框、填充设置的影响。要使用怪异盒模型,需要通过 box-sizing 属性进行设置。

语法:box-sizing:关键词;

取值范围:content-box | border-box。

content-box:设置标签为标准盒模型,相当于标签的默认效果。

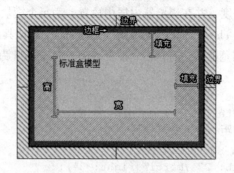

图 2.3-14　标准盒模型

border-box：设置标签为怪异盒模型。

说明：设置怪异盒模型的标签时，若设置了宽（width）/高（height）属性，添加的边框和填充不会对总宽/高度有任何影响，总宽度、高度的计算方法如下：

总宽度=左边界+宽+右边界

总高度=上边界+高+下边界

如图 2.3-15 所示的结构，添加的边框和填充将作为宽/高内部的一部分，但不影响宽/高的值数，标签真实可容纳内容的范围是：

内容宽度　=宽-边框（左右）-填充（左右）

内容高度　=高-边框（上下）-填充（上下）

图 2.3-15　怪异盒模型

例如，上一练习中标签<article>的总宽度应该为 70%，并设有填充值，此时 CSS 样式可改写如下：

```
1    article{            /*修改、补充的设置*/
2        box-sizing: border-box;
3        width: 70%;
4        padding: 10px;   /*补充不管设置多少，对总宽度都没影响*/
5    }
```

7. 边界的重叠和溢出

多个垂直排列的块标签（非浮动）的上下边界会出现重叠或溢出的特殊情况，为下列代码 3 的<div>添加属性"margin: 20px;"，观查理想效果和实际效果之间的区别。

```
1    <section>
```

```
2       <div></div>  <!-- margin: 20px; -->
3       <div></div>
4       <div></div>
5   </section>
```
显示效果如图 2.3-16 所示。

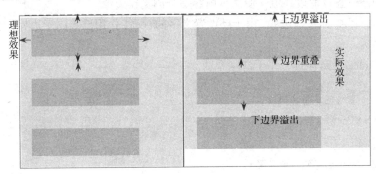

图 2.3-16　边界的重叠和溢出效果

从图 2.3-16 中可发现垂直方向上的边界有这些特殊效果：

① 相互邻接的上下边界会相互重叠，如果上下边界的值数不一样，默认取最大值作为两个标签的边距。

② 第一个标签的上边界和最后一个标签的下边界会溢出父标签的范围，溢出的边界还是会占用网页面积。

为了避免上下边界的溢出，一种方法是使用父标签的填充代替边界，另一种方式是分别添加一个 0px 高度的块标签到最开头和结尾的位置，使溢出无效，代码如下：

HTML 代码：
```
1   <section>
2       <p class="correct"> </p>   <!-- 修正边界溢出 -->
3       <div></div>  <!-- margin: 20px; -->
4       <div></div>
5       <div></div>
6       <p class="correct"> </p>   <!-- 修正边界溢出 -->
7   </section>
```
CSS 代码：
```
1   .correct{
2       line-height: 0;   /*行高为 0，则标签高度也为 0*/
3       margin: 0;        /*清除标签默认的边界值*/
4   }
```
标签 <p class="correct"> 不能为空，否则无效。所以使用空格 " " 作为内容，并设置行高为 0，使标签无高度，不影响页面效果。

☑ 任务实施

设置系部宣传网页每个模块的宽高、间距，统一网页的整体布局，并完善各标签（如图片）的排版布局。另外，统一将网页标签都设置为"怪异盒模型"，便于以后的布局操作。标签宽度、高度的数值单位不使用 rem，固定长度时使用 px 为单位，如果需要随着页面变化而自动适应时，使用 % 为单位。

以后的操作内容将在上一任务的基础上进行补充和修改，前面已编写的代码将不再重复写出，请注意。

① 在 CSS 的"通用样式设定"部分，补充下面的内容：
- 将所有标签设置为"怪异盒模型"。
- 清除<body>标签自带边界值，使网页内容贴合浏览器边缘。
- 清除<h1>~<h4>标签的边界，由于已设置文字的行高，作用已等同于边界（也可清除行高，保留边界）。
- 定义出 ".clear" 选择符，用于清除浮动。

```
1    *{
2        /* 省略已有的其他设置*/
3        box-sizing: border-box;
4    }
5    body{
6        /* 省略已有的其他设置*/
7        margin: 0;
8    }
9    h1,h2,h3,h4{
10       /* 省略已有的其他设置*/
11       margin: 0;
12   }
13   .clear{ clear: both; }
```

② 设置<header>部分的样式，添加填充产生间距，高宽可不设置，高度将根据内容的高度自动适应，宽度将自动等同于浏览器宽度（可临时设置一个背景色，便于观察效果）。

③ 将<header>内的 logo "信息工程系"设置为左浮动，文字大小为 2.6rem（即 26px）；<nav>设置右浮动，但该部分暂时不设置，为了不影响页面排版，可设置为隐藏。另外，要在浮动的结尾补充清除浮动的标签。

HTML 标签代码：
```
1    <!-- 网页头部 -->
2    <header>
3        <a href="#" class='logo'>信息工程系</a>
4        <nav>
5            省略……
6        </nav>
7        <div class="clear"></div>      <!--清除浮动 -->
8    </header>
```

CSS 标签代码：
```
1    /*页面各部分的样式设定*/
2    header{
3        padding: 20px;
4        background: #eee; /*临时设置*/
5    }
6    .logo{
7        float: left;
8        font-size:2.6rem;
9    }
10   header nav{
11       float: right;
12       display: none; /*暂时隐藏*/
```

13   }

显示效果如图 2.3-17 所示。

图 2.3-17 设置为左浮动效果

④ 设置"home"部分,为该模块的<div>标签添加"class='home center white'"附加文字居中,白色的效果。为<div>设置填充以隔开边距,另可设置最小高度值,以便浏览器窗口改变时该模块的高度不会太小。可临时添加蓝色的背景以观察效果。

⑤ 该模块需要统一文字颜色为白色,但超链接默认的颜色为灰色,这时可补充一个 CSS 设置".white a{ color: white; }",指定添加了"class=' white'"的标签内的<a>标签颜色为白色。

HTML 标签代码:

```
1    <!-- home 部分 -->
2    <div class='home center white'>
3        <h1><a name="home">程序猿,攻城狮</a></h1>
4        <p>是的,这是别人对我们的称呼……</p>
5        <a href="#">实训场地</a>
6    </div>
```

CSS 标签代码:

```
1    /*通用样式设定*/
2    .white a{ color: white; }
3
4    /*页面各部分的样式设定*/
5    .home{
6        padding: 200px 30px 100px;
7        min-height: 600px;
8        background: #24B0DA; /*临时设置*/
9    }
10   .home p{font-size: 2rem; } /*设置该部分<p>文字的大小*/
```

显示效果如图 2.3-18 所示。

图 2.3-18 标签居中效果

⑥ 之后多个模块(about, services, portfolio, team, contact)的结构相同,为这些模块的<div>标签添加对应的 class,之后通过分组选择符统一设置。

HTML 标签代码:
```
1    <!--about 模块 -->
2    <div class="about">
3        <img src="img/about/about1.jpg" />
4        <h3><a name="about">关于我们</a></h3>
5        省略……
6    </div>
7    <!-services 模块 -->
8    <div class='services center white'>
9        <h2><a name="services">本科专业介绍</a></h2>
10       省略……
11   </div>
12   <!-portfolio 模块 -->
13   <div class="portfolio">
14       <h2 class='center'><a name="portfolio">实训环境</a></h2>
15       省略……
16   </div>
17   <!-team 模块 -->
18   <div class='team center white'>
19       <h2><a name="team">优秀本科毕业生</a></h2>
20       省略……
21   </div>
22   <!-contact 模块 -->
23   <div class='contact center'>
24       <h2><a name="contact">联系我们</a></h2>
25       省略……
26   </div>
27
```

CSS 标签代码:
```
1    .about,.services,.portfolio,.team,.contact{
2        padding: 80px 20px; /*各模块的统一填充效果*/
3    }
4    .services,.team{
5        background: #24B0DA; /*临时设置的背景色*/
6    }
```

显示效果如图 2.3-19 所示。

⑦ 如果网页中的图片<img>不设置宽高,将默认使用原图大小。现在针对每个模块中的图片设置尺寸样式,可只设置图片的宽度,其高度将自动按原图比例缩放。为了便于排版,可将图片设置为块标签,使边界的设置可完全生效。

⑧ 水平线<hr>设置页面 50%的宽度,使用边界属性控制其上下间距和水平居中。

图 2.3-19 设置相同模块

CSS 标签代码：

```
1   /*通用样式设定*/
2   hr{ width: 50%; margin: 50px auto; }
3   /*about模块中的图片*/
4   .about img{
5       width: 90%;
6       display: block;
7       margin: auto;
8   }
9   /*portfolio模块中的图片和其他设置 */
10  .portfolio p{ font-size: 1.8rem; }
11  .portfolio div{
12      width: 90%;
13      padding: 2%;
14      margin: 40px auto;
15  }
16  .portfolio div img{width: 100%; }
```

```
17    .portfolio div h4{padding: 10px;      }
18    /*team模块中的图片 */
19    .team div img{
20        display: block;
21        width: 140px;
22        margin: 0 auto 20px auto ;
23    }
```

显示效果如图2.3-20所示。

图2.3-20 将图片设置为块标签的效果

⑨ 底部<footer>的样式与前面的模块有所区别，独立设置样式。

CSS标签代码：

```
1    footer{
2        padding: 40px 20px;
3        color: #999;
4        font-size: 1.4rem;
5        background: #333;
6    }
```

显示效果如图 2.3-21 所示。

图 2.3-21　添加图片备用说明

☑ 任务回顾

本任务学习了如下知识：
① width、height、margin、padding、display、float、clear 样式属性。
② 盒子模型。
③ 浮动布局知识。
将这些知识运用到项目中，完成了：
① 网页头部的左右布局调整。
② 设置各模块的横向留白及模块间垂直方向的间距。

☑ 任务拓展

CSS 的定位排版：在 CSS 的排版中除了水平排列、垂直排列的常规方式外，还有一种特殊的排版方式——"定位"。这种方式允许标签脱离原本网页的空间排版，悬浮于所有网页内容的上方，放置的位置不受任何限制，如图 2.3-22 所示的效果。

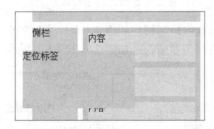

图 2.3-22　定位排版效果

定位效果以 position 属性设置定位的方式，再通过 top、left 等属性设置定位标签的放置坐标，相关属性如表 2.3-4 所示。

表 2.3-4　定位相关属性

定位相关属性	作用
position	设置标签为定位，有 4 个关键词参数： static：无定位效果，相当于标签的默认状态 absolute：绝对定位 relative：相对定位 fixed：固定对位
top	定位标签相对于参照内容上方的偏移
left	定位标签相对于参照内容左边的偏移

续表

定位相关属性	作用
Right	定位标签相对于参照内容右边的偏移
bottom	定位标签相对于参照内容下方的偏移
z-index	设置定位标签的堆叠顺序,相当于photoshop中的图层顺序,值数大的标签将显示在前面

定位主要有绝对 absolute、相对 relative、固定 fixed 三种方式（static 相当于不设置），区别如下：

① 绝对定位以整个网页内容为参照物，通过 top、left、right、bottom 设置标签相对于参照物偏移的距离，如图 2.3-23 所示。

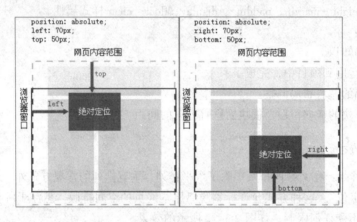

图 2.3-23　绝对定位效果

② 相对定位以该标签原位置为参照物，如图 2.3-24（a）所示。
③ 固定定位以浏览器的窗口为参照物，如图 2.3-24（b）所示。

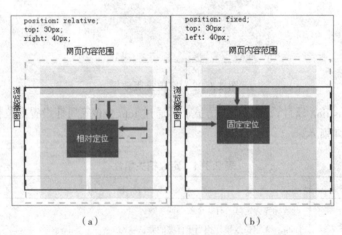

图 2.3-24　相对定位的固定定位效果

④ 如果绝对定位的标签的父标签也设置了定位属性，这时绝对定位标签不再以整个网页为参照物，而是以父标签为参照物。

HTML 标签代码：
1　　<div class="p1">

```
2        父标签-相对定位
3        <div class="p2">
4            子标签-绝对定位
5        </div>
6    </div>
```
CSS 标签代码：
```
1    .p1{ position: relative;}
2    .p2{position:absolute; left:50px; top:50px; }
```
显示效果如图 2.3-25 所示。

图 2.3-25　以父标签为节照物的定位效果

任务 2.4　使用 CSS 背景美化网页标签

☑ 学习目标

① 能使用 CSS 的 background 相关属性为标签设置背景颜色或图片。

② 能使用属性 background-repeat、background-position、background-size、background-attachment 设置背景图片的样式效果。

③ 能使用属性 linear-gradient、radial-gradient 为背景添加渐变色效果。

☑ 任务描述

为系部宣传网页的 home、services、team 模块设置对应的背景图片样式。图片可自动缩放大小，填满整个模块的区域。services、team 模块使用的图片不会随滚动条移动，始终保持相对于窗口固定。

☑ 知识学习与课堂练习

1. 标签背景的设置

在上一任务中使用的 CSS 样式 "background: #24B0DA;" 为标签添加了背景颜色，标签可通过 background 系列的属性设置背景颜色、图片等样式，背景样式处于标签内容的下方，不占用标签的空间（见图 2.4-1）。

图 2.4-1　为标签添加背景

（1）背景颜色：background-color

语法：background-color: 值;

取值范围：颜色参数 | transparent | 颜色关键词。

颜色参数：与设置文字的颜色相同，可使用十六进制色、RGBA 色、RGB 色、HSL 色等各种颜色参数。

transparent：默认值，即不设置颜色。

颜色关键词：如 red、green、blue 等颜色对应的英文单词。

（2）背景图片：background-image

语法：background-image: url(图片路径);

取值范围：

在 url( )括号内填入图片的绝对或相对路径，其中相对路径以当前代码所属的文件为参考查找图片。如图 2.4-2 所示，样式效果写在文件夹 css 的 css 文件中，图片在文件夹 img 中，路径要写为"url(../img/test.jpg)"；如果样式效果写在网页文件"55.html"中，则地址应写为"url(img/test.jpg)"。

图 2.4-2　文件夹路径

说明：背景支持 .jpg、.gif、.png、.svg 等格式的图片，如果标签同时设置背景颜色和图片，图片将覆盖在背景颜色上方。

（3）背景平铺：background-repeat

语法：background-repeat: 关键词;

取值范围：repeat-x | repeat-y | repeat | no-repeat。

repeat-x：背景图像横向平铺。

repeat-y：背景图像纵向平铺。

repeat：背景图像横向和纵向平铺（默认状态）。

no-repeat：背景图像不平铺。

背景平铺效果如图 2.4-3 所示。

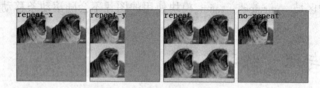

图 2.4-3　背景平铺效果

（4）背景位置：background-position

语法：background-position: 横向方位值 纵向方位值;

取值范围：方位关键词 | 方位数值。

方位关键词：top | bottom | left | right | center。如取值"top left"图片以标签的左上角为起始排列，"center bottom"以标签的下中位置为起始排列。

方位数值：以 px、%为单位的数值。图片以标签的左上角为原点坐标，按数值向水平方向和垂直方向偏移。

说明：该属性需要填入两个参数（用空格隔开），第一个为横向方位值，第二个为纵向方位值。如果只填一个，第二个参数默认取值 center。数值参数可以取负值，关键词参数和数值参数可混合使用，效果如图 2.4-4 所示。

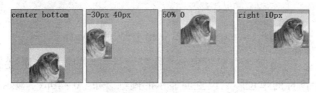

图 2.4-4　背景位置效果

【课堂练习 2.4-1】使用背景属性显示图标。

如图 2.4-5 提供的图片素材（160px×160px），在这图片中整合了 4×4 共 16 个图标，每个图标的大小都是 40px×40px。

在网页中设置多个 40px×40px 的块标签，使用背景属性将图片中的图标分别显示在每个块标签中。

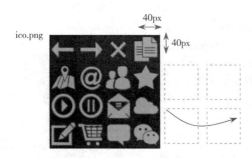

图 2.4-5　图片素材

制作多个相同样式的<div>标签，设置相同的样式和背景图片。

HTML 标签代码：

```
1    <!-- ico 为标签的通用样式选择符，ico1、2、3 为独立样式 -->
2    <div class="ico ico1"></div>
3    <div class="ico ico2"></div>
4    <div class="ico ico3"></div>
5    <div class="ico ico4"></div>
6    <div class="ico ico5"></div>
7    ……
```

CSS 标签代码：

```
1    .ico{
2        height: 40px;
3        width: 40px;
4        float: left;
5        margin: 5px;
6        background-image: url(img/ico.png);
7        border: dashed 1px #ff8b56; /*虚线边框*/
8    }
```

显示效果如图 2.4-6 所示。

图 2.4-6 制作的多个相同样式的<div>标签

通过 background-position 属性分别设置每个标签背景图片的位置，使标签显示不同的图标。可以使用 40px 为一个图标的单位距离设置要显示的图标，如（0 -40px）显示第 2 排第 1 个图标；也可使用%为单位，移动一个 div 标签的距离，如（0 -100%）效果与（0 -40px）相同。注意参数的正负数会影响背景图片移动的方向。

CSS 代码：

```
1    /*显示第1行的图标*/
2    .ico1{ background-position: 0 0; }
3    .ico2{ background-position: -40px 0; }
4    .ico3{ background-position: -80px 0; }
5    .ico4{ background-position: 40px 0; }
6    /*显示第2行的图标*/
7    .ico5{ background-position: 0 -100%; }
8    .ico6{ background-position: -100% -100%; }
9    .ico7{ background-position: -200% -100%; }
10   .ico8{ background-position: -300% -100%; }
```

显示效果如图 2.4-7 所示。

图 2.4-7 使标签显示不同的图标

（5）背景大小：background-size

语法：background-size: 值;

取值范围：缩放数值 | 关键词。

缩放数值：需要填入图片宽、高两个参数。以 px 为单位，将图片缩放到指定大小。以%为单位时，以标签的宽高值为参考按比例缩放，如参数为 "50% 50%" 即缩放到标签宽高的一半。参数可只填写一个，这时作为宽度缩放值，高度将按原图比例自动缩放。

关键词：auto | cover | contain。

auto：背景图像的真实大小（默认状态）。

cover：将背景图像等比缩放到完全覆盖容器，背景图像有可能超出容器。

contain：将背景图像等比缩放到宽度或高度与容器的宽度或高度相等，背景图像始终被包含在容器内。

显示效果如图 2.4-8 所示。

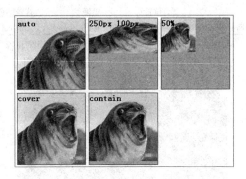

图 2.4-8 设置背景大小效果

（6）背景相对位置：background-attachment

语法：background-attachment: 关键词;

取值范围：fixed | scroll | local。

fixed：背景图像相对于窗体固定，网页滚动时，图片不会随标签一起移动。

scroll：背景图像相对于标签固定，网页滚动时，图片会随标签一起移动。但标签内部滚动时，图片不会随标签内容一起移动（默认状态）。

local：背景图像相对于标签内容固定，标签内部滚动时，图片会随标签内容一起移动。

显示效果如图 2.4-9 所示。

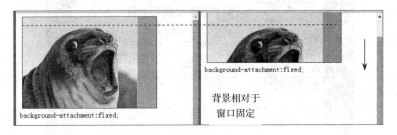

图 2.4-9 背景相对位置效果

说明：设置了 fixed 效果的标签，它的 background-position、background-size 属性将不再以标签的范围为基准，而是以浏览器的窗口为基准。如设置"background-size:100% 100%;"图片放大到浏览器窗口的 100%大小；设置"background-position:center center;"图片将放置在窗口的正中央。

（7）背景综合设置：background

语法：background: 图片路径 位置/大小 平铺相对位置 颜色;

取值范围：与 font 属性类似，综合了背景设置的多数属性，除了"位置/大小"需要按格式编写外，其余参数的顺序可随意调整。所有参数都可选填，不填写时将自动被设置为默认值。

除了上述的参数外，在"扩展练习"中介绍的两个属性"background-origin"、"background-clip"也可作为 background 参数一起编写。

显示效果如图 2.4-10 所示。

【课堂练习 2.4-2】制作新闻页面。

① 使用提供的图片素材制作如图 2.4-11 所示效果的新闻页面，要求：

② 为网页背景添加图片，图片相对于窗口固定，不随滚动条移动，可自动缩放填充满全屏，并居中放置。

```
                     位置      平铺        背景颜色
background: url(img/test.png) 0 0/100px 100px repeat-x scroll #aaf;
      图片路径           图片大小            相对位置
```

图 2.4-10　背景综合设置效果

③ 文章部分的标签宽度为网页宽的 80%，适当添加填充产生间距，背景为透明度 90%的白色，并在背景的右下角添加"news"字样的图片，该图片的宽度为当前标签宽的 30%，高度自动按比例缩放。

显示效果如图 2.4-11 所示。

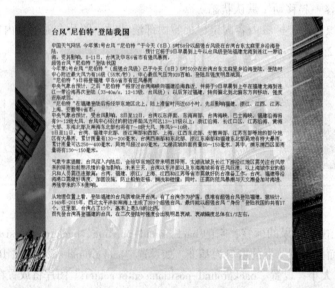

图 2.4-11　新闻页面效果

要设置网页整体的背景，可通过<body>标签设置，CSS 设置如下：

```
1   body{
2       background: url(img/4912.jpg) center/cover fixed;
3       margin: 0;  /*清除网页边距*/
4   }
```

在<body>中添加一个标签放置文章内容，内容可随意。背景使用 RGBA 色设置白色和透明度 90%，设置为不平铺，大小参数只需设置宽度为 30%，高度不设置将自动按比例缩放。

HTML 标签代码：

```
1   <div class="main">
2       <h2>台风"尼伯特"登陆我国</h2>
3       中国天气网讯 今年第 1 号台风"尼伯特"于今天（8 日）5 时 50 分以超强台风级在台湾
4   台东太麻里乡沿海登陆，预计它将于 9 日早晨到上午以台风级登陆福建龙海到连江一带沿海。
```

```
5        受其影响，8-11日，台湾及华东6省市有强风暴雨。
6    </div>
7
```

css标签代码：

```
1   .main{
2       background: url(img/news.png) no-repeat right bottom/30%
3   rgba(255,255,255,0.9);
4       box-sizing: border-box; /*怪异盒模型*/
5       width: 80%;
6       min-height: 800px;      /*最小高度*/
7       margin: auto;           /*水平居中*/
8       padding: 20px;
9   }
```

2. 使用 CSS 添加渐变色

（1）线性渐变色：linear-gradient()

属性 background 可通过颜色值 linear-gradient( )添加线性渐变的颜色，linear-gradient( )类似于 #FFF 是一种颜色值数，并非属性，需要配合 background 等其他属性一起使用。

语法：linear-gradient(渐变方向, 颜色1 位置, 颜色2 位置, ……)

渐变方向：决定渐变色的方向，可以使用 deg 为单位的数值参数，也可使用指定方向的四种关键词。该值为选填，不填写时渐变方向默认为从上到下。

- to left：设置渐变为从右到左，相当于 270deg。
- to right：设置渐变从左到右，相当于 90deg。
- to top：设置渐变从下到上，相当于 0deg。
- to bottom：设置渐变从上到下。相当于 180deg（默认值，等同于留空不写）。

数值参数：如 0deg 渐变方向从下到上，45deg 方向从左下到右上，90deg 从左到右。

颜色位置值：颜色值决定颜色的渐变顺序，可以填写多个颜色值，使用逗号分隔。位置值使用百分比为数值，决定当前颜色在渐变方向上的位置。如"#f00 0%,#0f0 50%,#00f 100%"的意义是起始位置红色，中间绿色，结束位置蓝色。如果位置值不填写，颜色将从 0%~100%平均分配位置，如"#f00 ,#0f0 ,#00f"作用等同于"#f00 0%,#0f0 50%,#00f 100%"。

显示效果如图 2.4-12 所示。

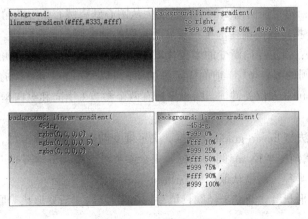

图 2.4-12　颜色位置值

说明：linear-gradient()是作为图片添加到背景中，而不是背景颜色，所以 linear-gradient()不能和 url()一起使用，但可以和背景颜色#FF0 一起使用，如：

错误写法：background: linear-gradient(#fff,#333,#fff) url(img/test.png);

正确写法：background: linear-gradient(#fff,#333,#fff) #FF0;

【课堂练习 2.4-3】制作新闻标题的渐变色背景。

为练习 2.4-2 的新闻标题设置渐变色背景，渐变方向从左向右，颜色白色，透明度从 100%渐变到 0%，如图 2.4-13 所示。

图 2.4-13　制作新闻标题的渐变色背景

要控制透明度的渐变需要使用 rgba()色，控制最后一个透明度参数的变化。渐变的参数可不填写，默认从标签的开头位置渐变到尾部。

CSS 代码：

```
1    .main h2{
2        background: linear-gradient(
3            to right,
4            rgba(255,255,255,1),
5            rgba(255,255,255,0)
6        );
7        padding: 5px;
8    }
```

（2）径向渐变色：radial-gradient ()

产生圆形或椭圆形的渐变效果，渐变颜色从圆心向外发散式渐变。

语法：radial-gradient (渐变形状渐变半径 at 圆心坐标, 颜色1 位置，颜色2 位置，……)

渐变形状：决定径向渐变的形状，有两个关键词参数，circle（圆形）、ellipse（椭圆形）。

渐变半径：决定径向渐变的半径长度，设置 circle（圆形）时使用一个参数，设置 ellipse（椭圆形）时使用两个参数，如"circle 100px""ellipse 100px 200px"。也使用关键词决定半径取值，如下：

- closest-side：指定径向渐变的半径长度为从圆心到离圆心最近的边。
- closest-corner：指定径向渐变的半径长度为从圆心到离圆心最近的角。
- farthest-side：指定径向渐变的半径长度为从圆心到离圆心最远的边。
- farthest-corner：指定径向渐变的半径长度为从圆心到离圆心最远的角。

圆心坐标：决定圆的圆心坐标，前面固定添加 at，可以使用 px、%单位的数值，也可使用 left、center、right、top、bottom 方位关键词，圆心坐标有两个参数（横向和纵向坐标），如果只写一个，第二个默认为 center。

颜色位置值：用法与 linear-gradient 一样，决定渐变颜色的顺序和位置，具体使用不再介绍。

说明："渐变形状渐变半径 at 圆心坐标"三个参数可选填，不填写有以下效果：

- 不设置"渐变半径"将默认取值为 farthest-corner。
- 不设置"渐变形状"，"渐变半径"只填写一个半径值，"渐变形状"取值为 circle，其余情况都取值 ellipse。

- 不设置"at 圆心坐标",则默认取值为 center。

显示效果如图 2.4-14 所示。

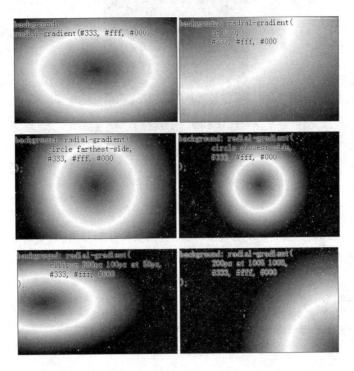

图 2.4-14 径向渐变色

渐变效果还有下面两种,可以重复渐变的效果:

repeating-linear-gradient():重复的线性渐变。

repeating-radial-gradient():重复的径向渐变。

☑ 任务实施

为系部宣传网页的 home、services、team 模块设置对应的背景样式。home 模块使用图片"header_bg.jpg"为背景,图片自动缩放填充满整个模块。services、team 模块使用图片"bg.jpg"为背景,背景相对于浏览器窗口固定,不随滚动条移动,图片自动缩放填充满整个窗口。

修改水平线<hr>的效果,使用渐变色为背景,制作出中间深两侧浅的水平线效果。

① 修改上一任务中 home 模块临时设置的背景样式,使用图片作为背景,设置 cover 的大小缩放方式以适应模块的区域,图片顶部居中放置。原本的背景色可同时添加,如果因网络问题读取不到图片时,可作为临时背景。

CSS 代码:

```
1    .home{
2        /* 原本的设置background: #24B0DA; */
3        background: url(../img/header_bg.
4 jpg) top center/cover #24B0DA;
    }
```

显示效果如图 2.4-15 所示。

图 2.4-15 图片做背景效果

② 同样修改 services、team 模块的背景样式，使用图片作为背景，设置背景相对位置为 fixed，其余设置与上一步操作相同。

CSS 代码：

```
1    .services,.team{
2        /* 原本的设置background: #24B0DA; */
3        background: url(../img/bg.jpg)
4    top center/cover fixed #24B0DA;
    }
```

显示效果如图 2.4-16 所示。

图 2.4-16 设置背景的相对位置

③ 将水平线<hr>标签修改为如图 2.4-17 所示的效果。由于<hr>标签原本的线条效果由边框线（border）构成，现在需要清除掉该边框，再通过背景的方式加入渐变效果。

图 2.4-17 水平线效果

下面通过 CSS 为<hr>追加新的样式：
```
1    hr{
2        /* 省略已有的其他设置*/
3        border: 0;          /* 清除边框*/
4        height: 3px;        /* 添加 hr 的高度，即水平线的高度 */
5        background: linear-gradient(
6            to right,
7            rgba(0,0,0,0) 0%,
8            rgba(0,0,0,0.1) 30%,
9            rgba(0,0,0,0.1) 70%,
10           rgba(0,0,0,0) 100%
11       );  /* 颜色黑色，通过透明度控制渐变 */
12   }
```

④ 水平线在蓝色背景的模块下还有一种效果，如图 2.4-18 所示。由于这些模块的标签都有添加 class="white"，所以可以设置在"white"内的所有<hr>将采用另一种渐变样式。

```
1    .white hr{
2        background: linear-gradient(
3            to right,
4            rgba(255,255,255,0) 0%,
5            rgba(255,255,255,0.3) 30%,
6            rgba(255,255,255,0.3) 70%,
7            rgba(255,255,255,0) 100%
8        );  /* 颜色白色，通过透明度控制渐变 */
9    }
```

图 2.4-18 渐变样式效果

☑ 任务回顾

本任务学习了如下知识：

① background 背景图片和背景颜色属性。

② background-repeat、background-position、background-size、background-attachment 等 CSS3 新增背景属性。

③ 背景图片的 linear-gradient、radial-gradient 渐变背景样式。

将这些知识运用到项目中，完成了：

① 为系部宣传网页的 home、services、team 模块设置对应的背景图片样式。

② 设置的背景图片达到要求：可自动缩放大小，填充满整个模块的区域，services、team 模块使用的图片不会随滚动条移动，始终保持相对于窗口固定。

任务拓展

1. 背景属性的补充

除了上述的背景属性设置，还有下面两个相关的设置
① background-origin：背景图片的显示范围。
参数：border-box|padding-box|content-box
② background-clip：背景颜色和图片的裁剪范围。
参数：border-box|padding-box|content-box
background-origin 决定了图片允许显示的范围，有边框、填充、内容三种显示范围，效果图 2.4-19 所示。

图 2.4-19　图片允许显示的范围

background-clip 将已显示出的背景效果裁减掉指定的范围，效果如图 2.4-20 所示。

图 2.4-20　裁减掉指定的范围

2. 背景图片的叠加

一个标签可以添加多张背景图像，并设置不同的样式效果，每份设置使用逗号分隔，如果设置的多重背景图之间存在重叠部分，前面设置的背景图会覆盖在后面的背景图之上。下面的代码添加了三次背景图片，并设置不同的样式。
CSS 代码：

```
1    .img1 {
2        background:
3            url(img/test.png) no-repeat scroll 10px 20px/100px,
4            url(img/test.png) no-repeat scroll right center/80px,
5            url(img/test.png) no-repeat scroll 80% 100%/150px #aaf;
6    }
```

显示效果如图 2.4-21 所示。
注意：在这种格式下背景颜色只能设置一次，且必须添加在最后一组图片设置中，否则设置无效。

图 2.4-21 添加图片备用说明

上述的设置也能拆分为不同的属性分别设置，代码如下：

css 代码：

```
1  background-image:
2  url(img/test.png),url(img/test.png),url(img/test.png);
3      background-repeat:no-repeat;      /*相同的设置可统一设置*/
4      background-attachment:scroll;     /*相同的设置可统一设置*/
5      background-position:10px 20px,right center,80% 100%;
6      background-size:100px,80px,150px;
7      background-color:#aaf;
```

任务 2.5　使用 CSS 设置列表格式、超链接效果

☑ 学习目标

① 能使用 list-style-type、list-style-image、list-style-position 属性设置列表标签的样式，能口述列表元素标签的特点。

② 能使用四种 CSS 伪类选择符，即:link、:visited、:hover、:active，能制作出标签在不同状态下改变样式的效果。

③ 能使用伪类选择符制作导航栏在鼠标接触时下拉显示的效果。

☑ 任务描述

设置系部宣传网页头部的导航栏部分，导航栏的列表内容默认隐藏不可见，当鼠标指针接触导航栏的图标时，列表内容将自动显示，鼠标指针离开时自动隐藏，并对导航栏中的列表标签进行样式设置和排版。

☑ 知识学习与课堂练习

1. 列表标签的样式设置

列表标签<ul><li>的特点是<li>标签会自带标记符号，<li>标签能通过 CSS 控制其标记的样式效果。

（1）标记样式：list-style-type
语法：list-style-type: 标记关键词;
取值范围：disc | circle | square | decimal | lower-roman | upper-roman | ……
disc：实心圆（默认）。

circle：空心圆。
square：实心方块。
decimal：阿拉伯数字。
lower-roman：小写罗马数字。
upper-roman：大写罗马数字。
lower-alpha：小写英文字母。
upper-alpha：大写英文字母。
none：不使用项目符号。
其他关键词：armenian、cjk-ideographic、georgian、ower-greek、hebrew、hiragana、hiragana-iroha、katakana、katakana-iroha、lower-latin、upper-latin。

说明：设置为 disc、circle、square 可使用固定的符号作为标签的标记；none 可去除掉标记，这时<li>标签相当于<div>标签的效果；设置其他的关键词将显示对应的序列符号，如 a、b、c、…。

显示效果如图 2.5-1 所示。

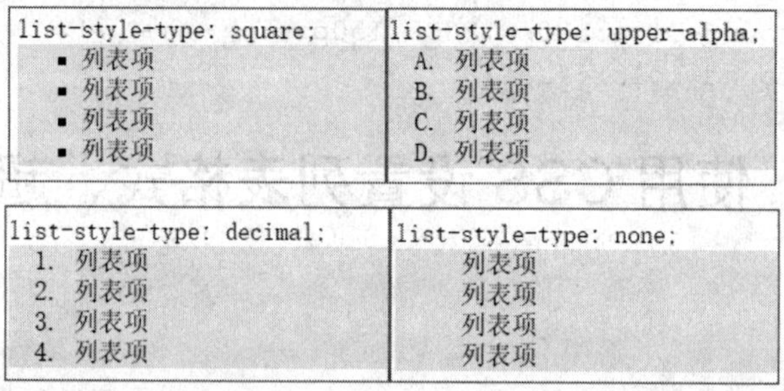

```
list-style-type: square;        list-style-type: upper-alpha;
  ■ 列表项                        A. 列表项
  ■ 列表项                        B. 列表项
  ■ 列表项                        C. 列表项
  ■ 列表项                        D. 列表项

list-style-type: decimal;       list-style-type: none;
  1. 列表项                        列表项
  2. 列表项                        列表项
  3. 列表项                        列表项
  4. 列表项                        列表项
```

图 2.5-1　样记样式效果

（2）图片标记：list-style-image

语法：list-style-image: url(图片路径)；

url()：与设置背景图片类似，在()中填入图片路径，使用图片代替标记符号，也可填写 none 代表不设置图片。

说明：设置了该属性后，list-style-type 属性将会无效。选取的图片无法缩放大小，所以请选择与文字行高近似的图片。

显示效果如图 2.5-2 所示。

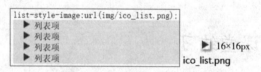

图 2.5-2　图片标记效果

（3）标记位置：list-style-position

语法：list-style-position: 位置关键词；

取值范围：outside | inside。

outside：标记放置在<li>标签以外，不占用网页空间（默认）。

inside：标记放置在<li>标签以内，且与文本环绕排列。

如图 2.5-3 所示，浅色背景为<ul>标签的范围，深色背景为<li>标签的范围，注意两个参数的区别。

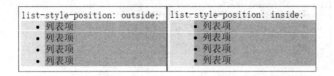

图 2.5-3　标记位置效果

【课堂练习 2.5-1】结合图片素材制作如图 2.5-4 所示效果的列表样式。

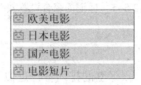

图 2.5-4　列表样式效果

在为<li>标签单独设置背景色的情况下，最好设置标记显示在标签内，否则标记将显示在背景色以外的区域。每个<li>标签通过边界产生间距，通过课件提供的图片素材设置标记样式。

HTML 代码：

```
1    <ul class="list">
2        <li>欧美电影</li>
3        <li>日本电影</li>
4        <li>国产电影</li>
5        <li>电影短片</li>
6    </ul>
```

CSS 代码：

```
1    .list li{
2        margin: 5px;
3        background: #C7EFFE;
4        list-style-position: inside;
5        list-style-image: url(img/ico_list2.png);
6    }
```

补充：list-style 相关的属性除了对<li>进行设置外，也可对<ul>进行设置，这些属性会向下继承到子标签中，上面的 CSS 设置也可写为：

CSS 标签代码：

```
1    .list {
2        list-style-position: inside;
3        list-style-image: url(img/ico_list2.png);
4    }
5    .list li{
6        margin: 5px;
7        background: #C7EFFE;
8    }
```

（4）标记的综合设置：list-style

语法：list-style: 标记样式　标记位置　标记图片；

说明：将上述的三种属性综合的写法，每个参数都可选填，不填写的参数自动使用默认值，即"disc outside none"。参数的顺序不能改变，否则设置无效。

显示效果如图 2.5-5 所示。

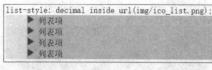

图 2.5-5　标记的综合设置效果

2. 列表标签的标签类型

列表标签由<ul><li>组合而成，<li>标签的排列特性近似于<div>等块元素标签，但它自带标记内容，属于"列表元素（list-item）"。<ul>标签不属于"列表元素"，而是块元素标签，特点是自带左填充的间距，用于放置<li>标签的标记。

所以<li>标签脱离了<ul>标签也能正常使用，或者将<ul>标签的填充清除，将<li>标签的标记设置为不使用，此时<ul><li>标签和<div>标签没有区别。

例如，使用列表标签制作水平排列的标签样式，代码如下：

HTML 标签代码：

```
1    <ul>
2        <li>列表项</li>
3        <li>列表项</li>
4        <li>列表项</li>
5        <li>列表项</li>
6    </ul>
```

CSS 标签代码：

```
1    ul{ padding: 0; }              /*清除左侧多余的填充间距*/
2    ul li{
3        list-style: none;     /*不使用标记*/
4        float: left;
5        width: 80px;
6        margin: 5px;
7        background: #eee;
8    }
```

显示效果如图 2.5-6 所示。

列表项　　列表项　　列表项　　列表项

图 2.5-6　使用列表标签制作水平排列的标签样式

相反的，使用其他标签并修改为"列表元素（list-item）"，一样可制作出列表效果。

例如，使用<span>标签制作列表样式效果，代码如下：

HTML 标签代码：

```
1    <span>span 标签</span>
2    <span>span 标签</span>
3    <span>span 标签</span>
4    <span>span 标签</span>
```

CSS 标签代码：
```
1   span{
2       display: list-item; /*改变标签类型*/
3       list-style: circle inside;
4   }
```
显示效果如图 2.5-7 所示。

图 2.5-7　使用<span>标签制作列表样式效果

【课堂练习 2.5-2】制作如图 2.5-8 所示效果的二级列表样式。

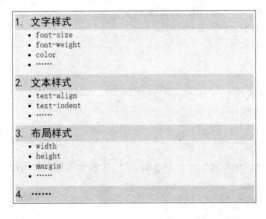

图 2.5-8　二级列表样式效果

先制作<ul><li>组合的一级列表，为<li>设置背景颜色、字体样式，将标记放置到标签内；为<ul>设置整个列表内容的背景色，并清除左侧多余的填充间距。

HTML 标签代码：
```
1   <ul class="list">
2       <li>文字样式</li><!-- 一级列表 -->
3       <li>文本样式</li>
4       <li>布局样式</li>
5       <li>…</li>
6   </ul>
```
CSS 标签代码：
```
1   .list{
2       background: #FAF9D0; /* 整体的背景 */
3       padding: 0;
4   }
5   .list li{
6       list-style: decimal inside;
7       background: #F4EF70;
8       font: 20px/1.5em 黑体;
9   }
```
显示效果如图 2.5-9 所示。

1. 文字样式
2. 文本样式
3. 布局样式
4. ……

图 2.5-9 设置背景

再为每个<li>之后添加一组二级列表，为了避免 CSS 选择符设置的冲突，这里使用<ul><div>为二级列表的组合，只需要将<div>设置为"列表元素（list-item）"便能像<li>一样。

HTML 代码：

```
1   <ul class="list">
2       <li>文字样式</li><!-- 一级列表 -->
3       <ul>                    <!-- 二级列表，追加的内容 -->
4           <div>font-size</div>
5           <div>font-weight</div>
6           <div>color</div>
7           <div>…</div>
8       </ul>
9
10      <li>文本样式</li>
11      <!-- 后面省略 -->
12  </ul>
```

CSS 代码：

```
1   .list ul{ margin-bottom: 10px;}/* 控制一级列表的间距 */
2   .list div{
3       display: list-item;
4       list-style: disc;
5   }
```

显示效果如图 2.5-10 所示。

图 2.5-10 添加二组列表

3. 使用伪类选择符设置标签不同状态下的效果

<a>超链接标签一共有四种状态：未访问、已访问、鼠标悬停、被点住。可通过 CSS 为这四种状态设置不同的样式效果，使标签根据鼠标不同的操作呈现不同的效果，如图 2.5-11 所示。

未访问　已访问　鼠标悬停　被点住

图 2.5-11 鼠标四种状态下的效果

要实现上面的效果，需要使用 CSS 的伪类选择符。伪类选择符以"冒号:"的形式附加在通常选择符的后面，为选择符附加特定的选择条件。上面四种状态的伪类选择如表 2.5-1 所示。

项目2 使用CSS3设置网页广告单页格式

表2.5-1 四种状态的伪类选择符

伪类选择符语法	作用
选择符:link	当前选择符中未被访问过的标签
选择符:visited	当前选择符中已被访问过的标签
选择符:hover	当前选择符中被鼠标悬停的标签
选择符:active	当前选择符中被鼠标点住的标签

上面的效果可使用CSS写为:

```
1    a:link{ color: #333; }              /* 未访问的链接样式 */
2        a:visited{ color: #999; }       /* 已访问的链接样式 */
3        a:hover{                         /* 被鼠标悬停的链接样式 */
4            font-weight: bold;
5            font-size: 20px;
6            color: #FF7F00;
7        }
8        a:active{ color: #f00; }        /* 被鼠标点住的链接样式 */
```

超链接标签不一定要设置所有的伪类样式,可选择需要的状态效果进行设置,但设置的顺序必须按link、visited、hover、active的顺序排列,否则部分效果不会生效。不设置的伪类状态可使用一般的选择符a{ }代替,代表超链接的默认使用效果,如下面的代码:

```
1    a{ color: #333; }    /* 未访问和鼠标悬停默认采用该设置 */
2        a:visited{ color: #999; }       /* 已访问的链接样式 */
3        a:active{ color: #f00; }        /* 被鼠标点住的链接样式 */
```

除了<a>标签外,其余的标签也能设置伪类效果,但上述四种伪类中只有鼠标悬停(hover)有效。在设置时先通过普通的选择符设置出标签的默认状态,再通过hover选择符设置出鼠标接触时标签发生改变的样式属性。

以课堂练习2.5-1为例,添加鼠标接触<li>标签时,改变样式的效果,代码如下:

CSS代码:

```
1    .list li{
2        /* 保持原本的设置 */
3    }
4    .list li:hover{ /* 鼠标接触时改变的样式 */
5        padding-left: 20px;
6        background: #3053C3;
7        color: #fff;
8        line-height: 2em;
9        list-style: square inside none; /* 最后一个none为了取消图片标记 */
10   }
```

显示效果如图2.5-12所示。

图2.5-12 鼠标接触时改变的样式效果

【**课堂练习 2.5-3**】使用<a>标签制作如图 2.5-13 所示效果的菜单栏。

图 2.5-13　制作鼠标悬停效果

先设置默认的超链接样式，添加左浮动使其水平排列，通过宽高、间距等属性控制超链接的大小。

HTML 代码：

```
1    <div class="menu">
2        <a href="#">HOME</a>
3        <a href="#">NEWS</a>
4        <a href="#">SERVICES</a>
5        <a href="#">PORTFOLIO</a>
6        <div class="clear"></div>   <!-- 清除浮动 -->
7    </div>
```

CSS 代码：

```
1    .menu a{
2        float: left;
3        line-height: 40px;      /*产生高度*/
4        padding: 0 30px;        /*产生左右间距*/
5    }
```

显示效果如图 2.5-14 所示。

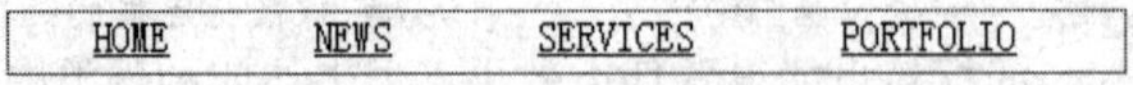

图 2.5-14　设置超链接样式

背景颜色是由亮色和暗色组成的渐变效果，可以使用 PS 制作出图片后插入作为背景，也可使用 linear-gradient()制作出渐变色，渐变色由上向下 0%～50%的亮色、50.1%～100%的暗色组成，背景设置如下：

CSS 代码：

```
1    .menu a{
2        background: linear-gradient(    /*渐变背景色*/
3            #666 0%,
4            #555 50%,
5            #222 50.1%,
6            #111 100%
7        );
8        font-family: Verdana;          /*与背景匹配的文字效果*/
9        color: #ccc;
10       text-decoration: none;
11   }
```

显示效果如图 2.5-15 所示。

图 2.5-15　背景渐变效果

使用 hover 伪类设置出超链接被鼠标接触时的改变效果，代码如下：

项目 2　使用 CSS3 设置网页广告单页格式

CSS 代码：
```
1    .menu a:hover{
2        color: #007584;
3        font-weight: bold;
4        background: linear-gradient(
5            #DAFAF6 0%,      /*颜色的设置请多尝试*/
6            #B5F6EC 50%,
7            #45F2DA 50.1%,
8            #1EFFE8 100%
9        );
10   }
```
显示效果如图 2.5-16 所示。

图 2.5-16　超链接被鼠标接触时的效果

☑ 任务实施

在第 3 个任务的操作中，系部宣传网页头部的导航栏部分（<nav>标签）被设置为隐藏，现在修改该部分的设置，实现如图 2.5-17 所示的效果。设置导航栏<nav>为一小块区域放置在头部的右侧，当鼠标接触时将显示它内部的<ul><li>列表内容，该内容将在网页头部的下方显示，当鼠标指针离开时该内容也自动隐藏。

图 2.5-17　导航栏的显示与隐藏效果

① 设置头部<header>内的<nav>标签样式，使其作为一小块区域放置在头部右侧。当前头部左侧文字的高度为 39px（26px 文字大小 × 1.5 倍行高），所以<nav>标签的整体高度应在 40px 左右。暂时设置简单的背景色为样式效果，具体设置在任务 2.7 中完成。

HTML 代码：
```
1    <header>
2        <a href="#" class='logo'>信息工程系</a>
3        <nav>
4            <ul>
5                <li><a href="#home">首页</a></li>
6                <li><a href="#about">招生计划</a></li>
7                <li><a href="#services">专业介绍</a></li>
8                <li><a href="#portfolio">实训环境</a></li>
9                <li><a href="#team">优秀毕业生</a></li>
10               <li><a href="#contact">联系我们</a></li>
11           </ul>
```

```
12            </nav>
13            <div class="clear"></div>
14     </header>
```

CSS 代码：

```
1   header nav{
2         /* 去除隐藏设置 display: none; */
3         float: right;
4         width: 50px;
5         height: 30px;
6         margin: 4px; /* 总高度 30+4+4=38 */
7         background: #ddd; /* 临时设置 */
8   }
```

显示效果如图 2.5-18 所示。

图 2.5-18　设置头部标签

② 由于<nav>标签的空间变小，内部的<ul><li>溢出标签范围，导致排版混乱。这里需要将<ul>标签设置为"绝对定位（position: absolute;）"（任务 2.3 拓展练习的知识），使其脱离网页的空间布局，独立于网页的上层。

将<ul>标签设置为相对于页面左上角排布的"绝对定位"，位置应放置到<nav>标签的下方，并要与<nav>标签保持接触，否则后面鼠标接触的操作可能会不正常。

CSS 代码：

```
1   header nav ul{
2         position: absolute;   /* 绝对定位 */
3         top: 37px;            /* 相对于网页顶端的距离 */
4         left: 0;              /* 相对于网页左侧的距离 */
5         width: 100%;          /* 与网页同宽 */
6         background: #fff;
7   }
```

显示效果如图 2.5-19 所示。

图 2.5-19　设置绝对定位

③ 完善<ul><li>标签的排版样式设置。

CSS 代码：

```
1   header nav ul{
2         /* 追加的设置，清除左侧填充间距 */
```

```
3            padding:0;
4       }
5       header nav li{
6            margin: 15px; /* li 标签之间的间距 */
7            list-style-type: none; /* 去除标记符号 */
8       }
```

显示效果如图 2.5-20 所示。

图 2.5-20　完善排版样式

④ 通过 CSS 制作鼠标触发导航栏显示的效果。参考下面 html 代码的结构，先将<ul>标签设置为隐藏（display:none），由于<ul>属于<nav>标签的子标签，可以通过选择符 "header nav:hover ul" 设置当<nav>被鼠标接触时，<ul>标签变更为显示状态（display:block），实现了显示的效果。而且<ul>属于<nav>的一部分，当<ul>被鼠标接触时，也可保持显示状态。

HTML 代码：
```
1   <nav><!-- 被鼠标接触的标签 -->
2         <ul><!-- 绝对定位，默认隐藏，鼠标触发显示 -->
3              列表内容
4         </ul>
5   </nav>
```

CSS 代码：
```
1   header nav ul{
2        /* 追加的设置，导航栏默认隐藏 */
3        display: none;
4   }
5   header nav:hover ul{
6        display: block; /* 鼠标接触 nav 时，ul 变为显示 */
7   }
8   header nav a:hover{     /* 鼠标超链接时改变样式 */
9        color: #4FCCE2;
10  }
```

显示效果如图 2.5-21 所示。

图 2.5-21　鼠标触发导航栏显示的效果

☑ 任务回顾

本任务学习了 Bootstrap 导航条的如下知识：
① list-style-type、list-style-image、list-style-position 属性。
② CSS 伪类选择符：:link、:visited、:hover、:active。
将这些知识运用到项目中，完成了：
① 设置列表标签（导航）的样式。
② 制作出标签（按钮）在不同状态下改变样式的效果。
③ 使用伪类选择符制作导航栏当鼠标接触时下拉显示的效果。

☑ 任务拓展

除了使用列表标签，也能使用普通标签结合背景图片制作有标记的列表效果，而且背景图片可设置大小，可使标记图片随文字大小自动调整。

标签的设置结构如图 2.5-22 所示，在左侧设置一个填充间距，用于放置背景图片。选用一张较大的矩形背景图片，设置为背景时将大小设置为 1em，当文字大小改变时，图片也一并自动调整大小。左填充的宽度也为 1em，刚好容纳下背景图片的内容。

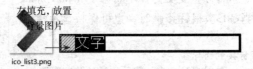

图 2.5-22　标签结构

HTML 代码：

```
1   <div class="list">
2       <div>列表项-背景标记</div>
3       <div>列表项-背景标记</div>
4       <div>列表项-背景标记</div>
5       <div>列表项-背景标记</div>
6   </div>
```

CSS 代码：

```
1   .list div{
2       padding-left: 1em;  /* 宽度等同于文字大小*/
3       margin: 5px;
4       background: no-repeat 0/1em url(img/ico_list3.png) #eee;
5       /* 0 表示图片左端对齐，垂直居中放置 */
6       /* 1em 表示图片宽度等同于文字大小*/
7   }
8
```

显示效果如图 2.5-23 所示。

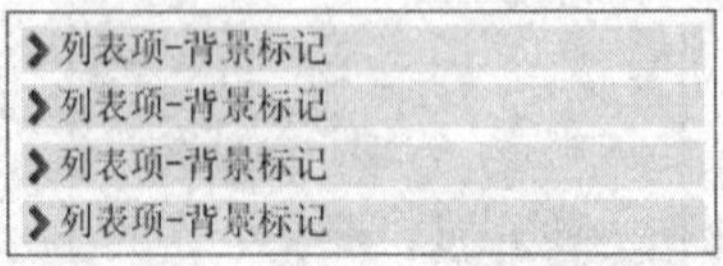

图 2.5-23　图片随文字大小同时调整

如果修改文字大小，或添加文字行高，图片都会自动适应大小，并调整位置与文字对齐。
CSS 代码：

```
1    .list div{
2            /* 追加设置*/
3            font-size: 25px;
4            line-height: 1.6em;
5    }
```

显示效果如图 2.5-24 所示。

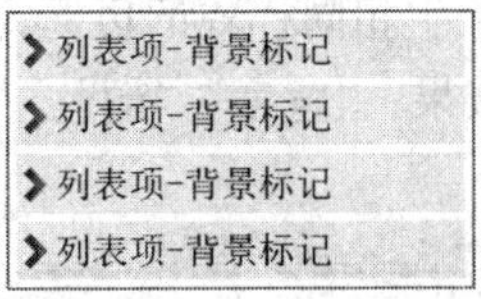

图 2.5-24　调整行高

任务 2.6　使用 CSS 边框设置表格格式

☑ 学习目标

① 能使用 border 等相关属性设置标签的边框样式。
② 能使用属性 border-radius、box-shadow、outline 制作各种标签轮廓效果。
③ 能使用属性 border-spacing、border-collapse、table-layout 设置表格样式。
④ 能使用伪类选择符"child"选择指定位置的标签。

☑ 任务描述

为系部宣传网页部分图片、标签设置边框线，设置标签的圆角效果。为"本科生招生计划"的表格设置间隔行背景色，完善其他表格样式的设置。

☑ 知识学习与课堂练习

1. 标签的边框样式设置

在任务 2.3 中学习过标签占用网页空间由宽度、高度、边界、填充、边框五种属性决定，现在学习最后一种"边框（border）"，边框介于边界和填充之间，分上右下左四个方向，可设置多种样式效果。

（1）边框样式：border
语法：border: 边框样式　宽度　颜色;
边框样式：
- none | hidden：无边框。
- dotted：点状边框。
- dashed：虚线边框。
- solid：实线边框。

- double：双线边框，边框宽度需大于 3px，否则效果不明显。
- groove：3D 凹槽边框，宽度需大于 2px。
- ridge：3D 凸槽边框，宽度需大于 2px。
- inset：3D 凹边边框，宽度需大于 2px。
- outset：3D 凸边边框，宽度需大于 2px。

宽度：px、%等长度单位的参数值。

颜色：十六进制色、rgba 色等颜色值。

说明：border 为标签的四个方向产生相同样式的边框，三个参数的顺序可以随意调整，"边框样式"是必填参数，不填写无边框效果；"宽度""颜色"不填写时，默认为 3px 和黑色。

随意调整边框效果如图 2.6-1 所示。

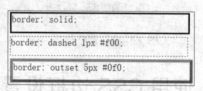

图 2.6-1　随意调整边框效果

（2）边框样式的单独设置

border 属性是对边框的统一设置，如果需要针对边框样式或宽度或颜色进行单独设置，再或者针对上右下左四个方向设置不同的边框，可使用下面的边框相关属性：

border-width：边框宽度，可针对四个方向分别设置。

border-style：边框样式，可针对四个方向分别设置。

border-color：边框颜色，可针对四个方向分别设置。

border-top：上边框样式，参数写法与 border 一样。

border-right：右边框样式，参数写法与 border 一样。

border-bottom：下边框样式，参数写法与 border 一样。

border-left：左边框样式，参数写法与 border 一样。

属性 border-width、border-style、border-color 可填写 1 至 4 个参数，依次对上右下左四个方向进行设置。根据填写参数的数量的不同，效果有所区别，具体参考 margin 参数的写法，效果如图 2.6-2 所示。

图 2.6-2　针对四个方向进行设置

属性 border-top、border-right、border-bottom、border-left 单独针对某一方向的边框进行设置，图 2.6-2 的效果也可写为图 2.6-3 所示的效果。

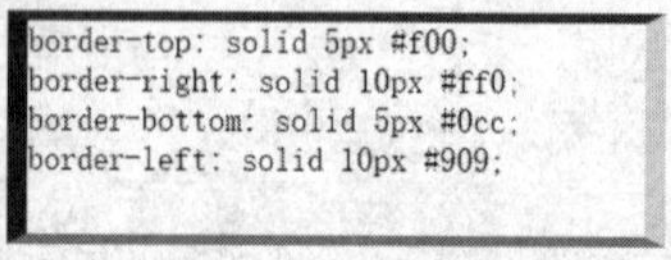

图 2.6-3　针对某一方向的边框进行设置

边框属性还有针对不同方向、不同属性单独的设置：border-top-width、border-top-style、border-top-color、border-right-width、border-right-style、border-right-color、border-bottom-width、border-bottom-style、border-bottom-color、border-left-width、border-left-style、border-left-color。

这些属性通常配合 border 属性一起设置，先使用 border 属性设置统一的样式，再设置边框特殊的部分，使原设置被覆盖，如图 2.6-4 所示。

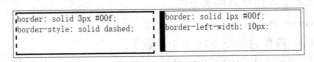

图 2.6-4　border 属性统一设置与单独设置配合使用

【课堂练习 2.6-1】制作如图 2.6-5 所示的相册效果。

图 2.6-5　相册效果

使用标签制作多个水平排列的矩形区域，放入图片和文字，为图片添加浅灰色边框。矩形区域被鼠标接触时，显示虚线边框。

外层的虚线边框虽然一般情况下不可见，但必须设置使其占用空间面积，否则在有和无之间切换时会影响到整体宽高度的变化，使排版发生变动。可将添加的边框颜色设置为背景色或 transparent（透明），使其在一般情况下不可见，但确实占用空间面积。

HTML 标签代码：

```
1    <div class="bg"><img src="img/bg1.png">图片</div>
2    <div class="bg"><img src="img/bg2.png">图片</div>
3    <div class="bg"><img src="img/bg3.png">图片</div>
```

CSS 标签代码：

```
1    .bg{
2        float: left;
3        padding: 10px;
4        line-height: 2em;
5        text-align: center;
6        border: dashed 5px transparent;  /*默认透明边框*/
7    }
8    .bg img{
9        display: block;  /*设置为块元素，方便排版*/
10       width: 150px;
11       height: 150px;
12       border: solid 3px #ccc;
13   }
14   .bg:hover{
15       border-color: #eee;  /*鼠标接触，改变边框色*/
```

16   }

2. 标签轮廓的样式设置

除了边框属性，影响标签轮廓效果的还有 border-radius（圆角边框）、box-shadow（标签阴影）、outline（轮廓），这三个属性的特点是不会对标签的空间排版产生任何影响，即使属性产生的效果超出了标签的范围，也不会占用任何网页空间。

（1）圆角边框：border-radius

语法：border-radius: 圆角的半径（1~4 个参数）；

border-radius: 水平方向四个角的半径 / 垂直方向四个角的半径；

取值范围：px、%等长度单位的圆角半径值，以%为单位时，圆角分别以标签的宽度和长度为参考，换算出圆角的水平半径和垂直半径，圆角可能会呈现出椭圆效果。

说明 1：半径值可填写 1 至 4 个参数，根据填写参数数量的不同，效果有所区别。

- 只填写一个参数，将用于全部的四个角。
- 填写全部四个参数，将按上左、上右、下右、下左的顺序作用于四个角。
- 填写两个参数，第一个用于上左、下右，第二个用于上右、下左。
- 如果提供三个，第一个用于上左，第二个用于上右、下左，第三个用于下右。

圆角边框效果如图 2.6-6 所示。

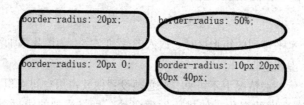

图 2.6-6　圆角边框效果

说明 2：border-radius 属性只是改变了标签的外观，标签的空间始终保持原本的矩形区域，所以图 2.6-7 中部分文字超出了圆弧的范围。

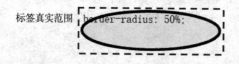

图 2.6-7　改变了标签外观的效果

说明 3：border-radius 的参数可通过 "/" 分为水平方向半径和垂直方向半径，通过这两种半径可制作出椭圆圆角的效果（见图 2.6-8），水平方向和垂直方向也可分别填写 1~4 个参数。

例如：border-radius: 20px 20px 20px 20px / 10px 20px 30px 40px;

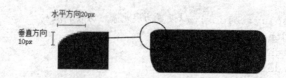

图 2.6-8　椭圆圆角效果

（2）标签阴影：box-shadow

语法：box-shadow: 阴影的水平位置 垂直位置 模糊范围 阴影尺寸 阴影颜色 inset;

取值范围：px、%等长度单位的参数值，十六进制色、rgba色等颜色值。

说明1：所有参数需要按顺序填写，模糊范围、阴影尺寸、inset 为选填参数，如图 2.6-9 所示。

每个参数的作用如下：

- 水平位置、垂直位置：阴影默认与标签区域重叠，这两个参数可控制阴影向右和下平移的距离，可填写负数使阴影反向平移。
- 模糊范围：阴影默认边界为实线，设置可使阴影模糊，也起到放大阴影范围的作用。
- 阴影尺寸：阴影默认大小与标签相同，设置可调整阴影大小，可填写负数。
- 阴影颜色：控制阴影的颜色。
- inset：决定阴影显示的位置，不填写时阴影显示在标签外，填写 inset 阴影在标签内部产生。

图 2.6-9　按顺序填写参数

说明2：阴影也能像背景图片一样添加多次，每次用逗号隔开，先填写的阴影处于最上层，如图 2..6-10 所示。

图 2.6-10　多次添加阴影

（3）轮廓：outline

语法：outline: 边框样式 宽度 颜色;

取值范围：取值与 border 属性完全相同，不再叙述。

说明：outline 效果与 border 相同，区别在于 outline 不占用网页空间，如在练习 2.6-11 中使用可不必考虑边框对排版的影响。outline 可与 border 同时使用，outline 的效果在 border 的外层，但添加圆角效果时 outline 始终保持矩形。

图 2.6-11　outline 效果

【课堂练习 2.6-2】制作如图 2.6-12 所示的用户信息栏（头像和名称部分）。

图 2.6–12 制作用户信息栏

用户信息栏的主题标签为圆角效果，且右上角圆弧半径较大，背景白色半透明，带有白色内发光效果和外侧的投影效果，可使用 CSS 阴影属性设置。

HTML 标签代码：

```
1   <div class="user">
2       <img src="img/test.png">
3       <span>猴赛里</span>
4       <div class="clear"></div>        <!-- 清除浮动 -->
5   </div>
```

CSS 标签代码：

```
1   .user{
2       box-sizing: border-box;  /*怪异盒模型，方便控制宽高*/
3       width: 300px;
4       height: 400px;
5       padding: 20px;
6       background: rgba(255,255,255,.6);    /*透明度背景*/
7       border-radius: 10px 100px 10px 10px;    /*圆角*/
8       box-shadow: 0 0 50px #fff inset, 2px 2px 5px #333;
9       /*内外层阴影*/
10  }
```

内部的头像图片标签和名字标签设置为浮动水平排列时，在后面要添加清除浮动标签。头像图片同样设置圆角和投影，名字部分的文字设置与头像相同高度的行高，使名字与图片对齐。其余细节设置根据实际进行调整。

CSS 标签代码：

```
1   .user img{
2       float: left;
3       width: 80px;
4       box-shadow: 0 0 5px 2px #fff;
5       border-radius: 10px;
6   }
7   .user span{
8       float: left;
9       font: 30px/80px 微软雅黑;
10      margin-left: 30px;
11  }
12  .clear{ clear: both; }
```

3. 表格标签的样式设置

由<table><tr><td>三层结构组成的表格标签，布局规则上与任务 2.3 中学习的盒模型有所不同。<tr>标签除了高度（height）其余影响空间布局的属性都无效，<td>标签无边界（margin）效果。下面将介绍其他影响表格相关的属性。

（1）单元格间距：border-spacing

语法：border-spacing: 横向间距 纵向间距;

取值范围：px、%等长度单位的圆角半径值。

说明：该属性只能为<table>标签设置，用于控制<table>和<td>之间的间距，代替了边界和填充属性。两个参数分别控制横向和纵向的间距，不像边界属性分为上右下左四个方向。也可只填一个参数，对各个方向设置相同的间距。

单元格间距效果如图 2.6-13 所示。 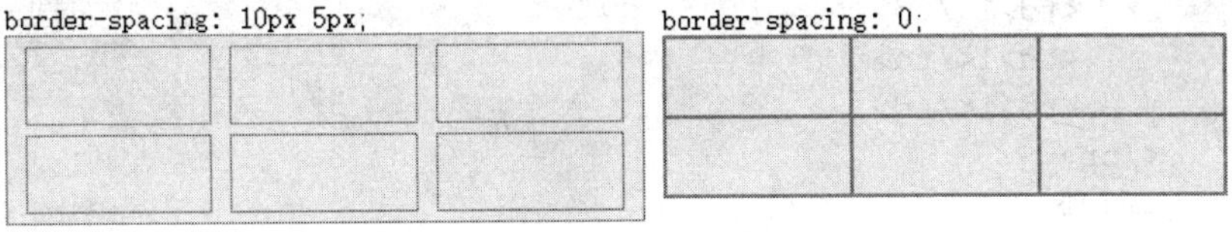

图 2.6-13　单元格间距效果

（2）相邻边框合并：border-collapse

语法：border-collapse: 关键词;

取值范围：separate | collapse。

separate：边框独立（默认）。

collapse：相邻边被合并。

说明：表格中<table>和<td>可添加边框效果，border-collapse 属性可将相邻的边框合并，此时 border-spacing 的效果将会无效。相邻边框合并时，优先采用边框宽度较大的样式。设置了边框合并的表格，<tr>标签也能设置边框样式，对边框合并后的效果有影响。border-collapse 属性只能为<table>标签设置。

相邻边框合并效果如图 2.6-14 所示。

图 2.6-14　相邻边框合并效果

【课堂练习 2.6-3】制作如图 2.6-15 所示的表格样式。 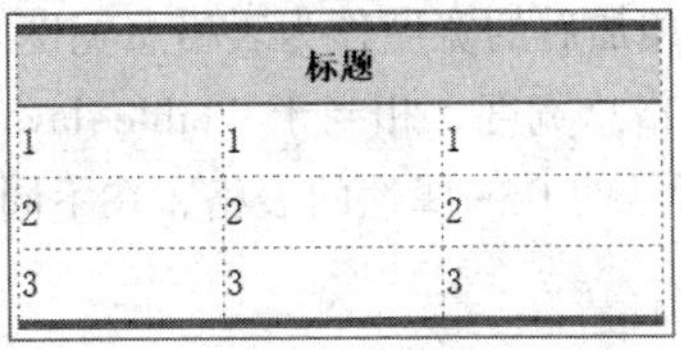

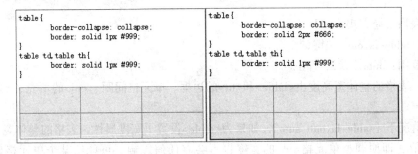

图 2.6-15　表格样式

创建4行3列的表格，第一列的单元格使用<th>标签并合并三个单元格。将所有单元格标签都设置1px的虚线边框，<table>标签设置上下5px的实线边框，第一行的<th>标签设置2px的实线边框，由于粗的边框在合并时被优先采用样式设置，为表格设置边框合并后呈图2.6-15所示的效果。

HTML标签代码：

```
1    <table>
2        <tr>
3            <th colspan="3">标题</th>
4        </tr>
5        <tr>
6            <td>1</td>
7            <td>1</td>
8            <td>1</td>
9        </tr>
10       ……省略
11   </table>
```

CSS标签代码：

```
1    table{
2        width: 300px;
3        border-collapse: collapse;          /*合并单元格*/
4        border-top: solid 5px #26ACDD;      /*table上边框*/
5        border-bottom: solid 5px #26ACDD;   /*table下边框*/
6    }
7    td,th{
8        height: 30px;
9        border: dashed 1px #26ACDD;         /*所有单元格边框*/
10   }
11   th{
12       background: #DBE8FF;
13       border-bottom: solid 2px #26ACDD;   /*第一行下边框*/
14   }
```

（3）表格布局方式：table-layout

语法：table-layout: 关键词;

取值范围：auto（默认）| fixed。

说明：表格的整体宽高度由<table>和<td>的边框、单元格间距、<td>的填充、<td>的宽高几个属性决定。

默认情况下（table-layout: auto），如果为<table>设置了宽度属性，表格的整体宽度将始终保持该宽度值，即便调整单元格<td>的宽度也不会有任何影响。可能给某个单元格定义宽度为100px，但结果可能并不是100px，因为单元格会自动调整适应整个表格的宽度。

设置"table-layout: fixed"后，如果影响表格宽度的所有属性值（上述的4个属性）相加后超过<table>设置的宽度，将采用相加后的宽度作为表格总宽度。如果相加总和小于<table>设置宽度，将采用<table>设置宽度为表格总宽度，相当于"table-layout: auto"的处理方式。

例如，设置了如图2.6-16所示的CSS属性的表格，在不同布局方式设置下的总宽度值计算。

CSS标签代码：

```
1    table{
2        width: 200px;
```

```
3        table-layout: auto;
4        border-collapse: collapse;
5        border: solid 1px #666;
6    }
7    table td,table th{
8        width: 100px;
9        padding: 5px;
10       border: solid 1px #666;
11   }
```

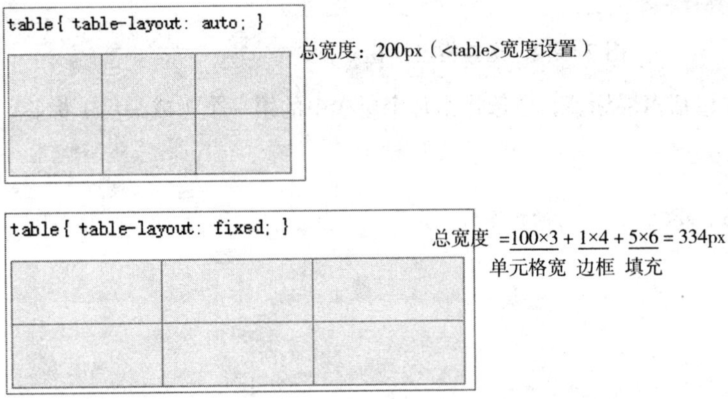

table{ table-layout: auto; }　　总宽度：200px（\<table\>宽度设置）

table{ table-layout: fixed; }　　总宽度 =100×3 + 1×4 + 5×6 = 334px
　　　　　　　　　　　　　　　　单元格宽　边框　填充

图 2.6-16　CSS 属性的表格

补充：如果不设置\<table\>的宽度，auto、fixed 两种设置并没有任何区别，表格会根据内部内容自动改变宽度，但会受到父层标签宽度的约束。

4. 使用伪类选择符"child"选择指定位置的标签

在任务 2.5 中学习了四种关于标签状态的选择符，现在进一步学习其他伪类选择符，可用于选择指定位置的标签。

（1）伪类选择符 E:first-child

在当前选择对象（E）中，选择处于标签层第 1 个的标签。

（2）伪类选择符 E:last-child

在当前选择对象（E）中，选择处于标签层最后 1 个的标签。

例如，使用伪类选择符选择特定标签。

HTML 标签代码：

```
1    <div class="t">
2        <div>1</div>
3        <div>2</div>
4            <div>3</div>
5        <p>4</p>
6        <p>5</p>
7    </div>
```

CSS 标签代码：

```
1    /*其他设置省略*/
2    .t div:first-child{ /*选择处于第 1 位的 div 标签*/
3        background: #f00;
```

```
4    }
5    .t div:last-child{    /*无选择对象,没有div在最后一位*/
6        background: #f00;
7    }
8    .t p:last-child{           /*选择处于最后1位的p标签*/
9        background: #ff0;
10   }
```
显示效果如图2.6-17所示。

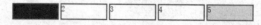

图 2.6-17 选择指定标签1

如果选择符选择的对象包括多层标签,会选择出每个层次中的第一个(或最后)标签。
CSS 标签代码:
```
1    .a div:first-child{ }
2    /*选择中下面代码中第2、3、8行的标签*/
```
HTML 标签代码:
```
1    <div class="a">
2        <div>
3            <div></div>
4            <div></div>
5            <div></div>
6        </div>
7        <div>
8            <div></div>
9            <div></div>
10           <div></div>
11       </div>
12   </div>
```
(3)伪类选择符 E:nth-child(x)

在当前选择对象(E)中,选择处于标签层第x个的标签(x为填写的数值)。

(4)伪类选择符 E:nth-last-child(x)

在当前选择对象(E)中,选择处于标签层倒数第x个的标签。

例如,使用伪类选择符选择特定标签。

HTML 标签代码:
```
1    <div class="t">
2        <div>1</div>
3        <div>2</div>
4        <div>3</div>
5        <p>4</p>
6        <p>5</p>
7    </div>
```
CSS 标签代码:
```
1    .t div:nth-child(2){     /*选择html代码中的第3行*/
2        background: #f00;
3    }
4    .t p:nth-child(2){  /* 无选择 */
5        background: #f00;
```

```
6    }
7    .t p:nth-last-child(2){   /*选择html代码中的第5行*/
8        background: #ff0;
9    }
```
显示效果如图 2.6-18 所示。

图 2.6-18 选择指定标签 2

括号中除了填写固定的数字外，还可填写关键词"n"，n 是从 0 开始的整数，即 0、1、2、3、4、……，符合代数数值的对象都会成为选择的目标。

CSS 标签代码：
```
1    .t *:nth-child(2n){        /*选择第偶数个标签*/
2        background: #f00;
3    }
4    .t *:nth-child(2n+1){      /*选择第奇数个标签*/
5        background: #ff0;
6    }
```
显示效果如图 2.6-19 所示。

图 2.6-19 选择指定标签 3

（5）伪类选择符 E:only-child

在当前选择对象（E）中，在标签层中是唯一一个的标签。

HTML 标签代码：
```
1    <div class="t">
2        <div>1</div>
3    </div>
4    <div class="t">
5        <div>1</div>
6        <div>2</div>
7        <div>3</div>
8    </div>
```
CSS 标签代码：
```
1    .t div:only-child{
2        background: #f00;
3    }
4    /*选择html代码中的第2行，它是该层唯一的标签*/
```
显示效果如图 2.6-20 所示。

图 2.6-20 选择指定标签 4

【课堂练习 2.6-4】制作如图 2.6-21 所示的用户信息栏（信息部分）。

图 2.6-21 用户信息栏

承接练习 2.6-4,为用户信息栏添加显示信息的表格(5 行 2 列),如果不设置表格宽度,表格宽度会随内容变化而变化,这里设置宽度为 100%,固定表格的宽度。为了使单元格添加的背景中间不会产生间隔,可设置"border-spacing:0"或"border-collapse: collapse"去除单元格间距。对<tr>标签使用伪类选择器可方便地选取指定的行数,对<td>或<th>标签使用伪类选择器可选取指定列数。

HTML 标签代码:

```
1    <div class="user">
2        <!--省略前几条标签代码 -->
3        <table>
4            <tr>
5                <td>电话: </td>
6                <td>123457890</td>
7            </tr>
8            <tr>
9                <td>邮箱: </td>
10               <td>hxl@live.om</td>
11           </tr>
12           ……
13       </table>
14   </div>
```

CSS 标签代码:

```
1    .user table{
2        width: 100%;                    /*固定表格整体的宽度*/
3        margin-top: 30px;
4        border-collapse: collapse;     /*使单元格之间不产生间距*/
5    }
6    .user tr:nth-child(2n+1){          /*为奇数行设置背景色*/
7        background: rgba(255,255,255,.5);
8    }
9    .user td{
10       height: 44px;
11       font: 16px 微软雅黑;
12   }
```

```
13      .user td:first-child{    /*第一列文字右对齐*/
14          text-align: right;
15      }
```

任务实施

为系部宣传网页部分图片、标签设置边框、轮廓效果，为"about"模块的表格设置表框、背景等样式。

① 为"home"模块的"实训场地"超链接设置圆角与边框效果，当鼠标接触时背景变为白色。

由于"home"模块内有多个<a>标签，为了避免设置冲突，可使用伪类选择符":nth-child(3)"选择指定的目标。<a>标签需要设置为块元素或内联元素，否则无法控制其宽高。

HTML标签代码：

```
1   <div class='home center white'>
2       <h1><a name="home">程序猿，攻城狮</a></h1>
3       <p>是的，这是别人……</p>
4       <a href="#">实训场地</a>
5   </div>
```

CSS标签代码：

```
1   .home a:nth-child(3){    /*选择排序在第3个的超链接*/
2       display: inline-block;  /*内联块*/
3       padding: 10px 15px;     /*文字与边框的间距*/
4       border: solid 1px #fff;
5       border-radius: 5px;
6   }
7   .home a:nth-child(3):hover{
8       background: #fff;
9       color: #333;
10  }
```

显示效果如图2.6-22所示。

图2.6-22 添加图片备用说明

② 为"portfolio"模块的图片展示部分添加边框和圆角，由于该部分其余设置已在任务2.3中设置，不再叙述。

CSS标签代码：

```
1   .portfolio div{
2       /* 省略已有的其他设置*/
3       border: solid 1px #ccc;
4       border-radius: 5px;
5   }
```

显示效果如图2.6-23所示。

图 2.6-23　为图片添加边框和圆角

③ 将"team"模块的头像图片设置为圆形并添加边框，由于头像图片原本为宽高相等的矩形，现在只需要将圆角设置为 50%，图片标签便显示为圆形。

CSS 标签代码：

```
1    .team div img{
2        /* 省略已有的其他设置*/
3        border: solid 6px #67C5D3;
4        border-radius: 50%;       /* 标签变为圆形*/
5    }
```

显示效果如图 2.6-24 所示。

图 2.6-24　将图片设置为圆形并添加边框

④ 回到"about"模块的表格部分，需要去除表格中单元格的间距（参考练习 2.6-4 的做法），为偶数行设置背景颜色。所有单元格设置左对齐和下边框等设置，但第一行的下边框宽度较大，可使用"child 伪类选择器"独立设置，同样将第一列的单元格设置为居中对齐。

HTML 标签代码：

```
1    <table>
2        <tr>
3            <th>#</th>
4            <th>专业名称</th>
5            <th>计划招生人数</th>
6        </tr>
7        <tr>
8            <th>1</th>
9            <td>计算机科学与技术</td>
10           <td>120</td>
11       </tr>
12       …
13   </table>
```

CSS 标签代码：

```
1    .about table{         /* 设置宽度，去除单元格间距 */
2        width: 100%;
```

```
3        border-spacing: 0;
4    }
5    .about tr:nth-child(2n){       /* 偶数行设置背景 */
6        background: #F9F9F9;
7    }
8    .about th,.about td{           /* 所有单元格统一样式 */
9        border-bottom: solid 1px #ccc;
10       height: 40px;
11       text-align: left;
12   }
13   .about tr:first-child th{      /* 第一行单元格使用较粗的边框 */
14       border-bottom: solid 2px #ccc;
15   }
16   .about th:first-child{         /* 第一列单元格文字右对齐 */
17       width: 40px;
18       text-align: center;
19   }
```

显示效果如图 2.6-25 所示。

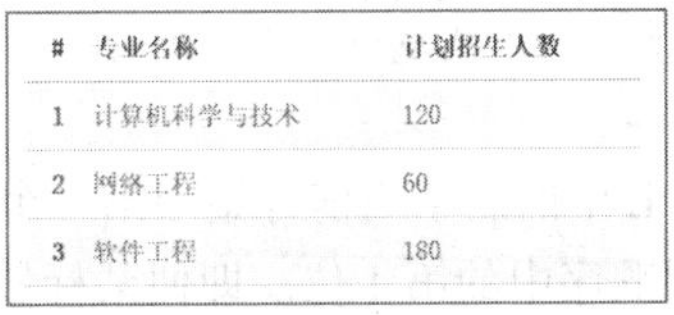

图 2.6-25　去除单元格的间距并设置背景颜色

任务回顾

本任务学习了如下知识：

① border 边框属性。
② border-radius、box-shadow、outline 等 CSS3 新边框属性。
③ border-spacing、border-collapse、table-layout 表格属性。
④ 伪类选择符 ":child"。

将这些知识运用到项目中，完成了：

① 参照效果图为页面中的图片、标签设置圆角边框。
② 设置"本科生招生计划"的表格样式。

任务拓展

除了前面学习过的选择符，选择符还有很多种用法，可方便地指定要设置的标签。

（1）子选择符：E>F

选择所有作为 E 标签的子代标签 F。它与包含选择符（E F）的区别在于，包含选择符选择所有后代相符合的标签，而子选择符只选择子代标签，而子代的子代将不会被选择。

（2）相邻选择符：E+F

选择紧贴在 E 标签之后 F 标签，选择的是同代的标签而非后代标签。

（3）兄弟选择符：E~F

选择 E 标签之后的所有标签 F，也是选择同代标签，不需要紧贴 E 标签，只要是在 E 标签后面的都会被选择。

HTML 标签代码：

```
1    <div class="t1">
2        <div class="t2">
3            <div></div>
4               <div></div>
5        </div>
6        <div></div>
7        <p></p>
8        <div></div>
9    </div>
```

CSS 标签代码：

```
1    .t1 div{ }        /*选择html代码中的第2、3、4、6、8行*/
2    .t1>div{ }        /*选择html代码中的第2、6、8行*/
3    .t1>div>div{ }    /*选择html代码中的第3、4行*/
4    .t2+div{ }        /*选择html代码中的第6行*/
5    .t2+p{ }          /*无选择*/
6    .t2~div{ }        /*选择html代码中的第6、8行*/
7    .t1>p~div{ }      /*选择html代码中的第8行*/
```

（4）伪类选择符：E:first-of-type

与"E:first-child"类似，选择 E 中的属于当前标签层第一个的标签，区别在于选择的是同类型标签中的第 1 个，而非标签排列顺序中的第 1 位。即便某标签在当前标签层中是第 3 个标签，只要前两个标签不属于同类型标签，该标签都属于同类型标签中的第一个，可被选择中。

（5）伪类选择符：E:last-of-type

选择 E 中的属于当前标签层最后一个的标签，选择方式与"E:first-of-type"相同。

（6）伪类选择符：E:only-of-type

选择 E 中的属于当前标签层唯一一个该类型的标签

（7）伪类选择符：E:nth-of-type(x)

选择 E 中的属于当前标签层第 x 个的标签，选择方式与"E:first-of-type"相同。

（8）伪类选择符：E:nth-last-of-type(x)

选择 E 中的属于当前标签层倒数第 x 个的标签，选择方式与"E:first-of-type"相同。

HTML 标签代码：

```
1    <div class="t1">
2        <div class="t2"></div>
3        <h1 class="t2"></h1>
4        <p class="t2"></p>
5        <div></div>
6        <p></p>
7        <div></div>
8    </div>
```

CSS 标签代码：

```
1    .t1 p:first-child{ }           /*无选择*/
2    .t1 p:first-of-type{ }         /*选择第4行*/
3    .t1 div:last-of-type{ }        /*选择第7行*/
4    .t2:first-of-type{ }           /*选择第2、3、4行*/
5    .t1 *:only-of-type{ }          /*选择第3行*/
6    .t1 div:nth-of-type(2){ }      /*选择第5行*/
```

```
7    .t1 div:nth-of-type(2n+1){ }    /*选择第 2、7 行*/
8    .t1 *:nth-of-type(2n){ }        /*选择第 5、6 行*/
```

（9）属性选择符：E[att]

选择具有 att 属性的 E 标签。可根据标签中附加的属性（如 href、src、class）选择目标。

（10）属性选择符：E[att="val"]

选择具有 att 属性且属性值完全等于 val 的 E 标签。

（11）属性选择符：E[att~="val"]

选择具有 att 属性且属性值为一个用空格分隔的字词列表（如 class="aa bb cc"），其中一个等于 val 的 E 标签。

（12）属性选择符：E[att^="val"]

选择具有 att 属性且属性值为以 val 开头的字符串的 E 标签。

（13）属性选择符：E[att$="val"]

选择具有 att 属性且属性值为以 val 结尾的字符串的 E 标签。

（14）属性选择符：E[att*="val"]

选择具有 att 属性且属性值为包含 val 的字符串的 E 标签。

（15）属性选择符：E[att|="val"]

选择具有 att 属性且属性值为以 val 开头并用连接符 "-" 分隔的字符串的 E 标签，如果属性值仅为 val，也将被选择。

HTML 标签代码：

```
1    <div class="t1">
2        <a></a>
3        <a href="#" class="t2"></a>
4        <a href="#" class="x t2"></a>
5        <img src="pic/test1.jpg">
6        <img src="pic/test2.png">
7        <span class="x"></span>
8        <span class="x-2"></span>
9    </div>
```

CSS 标签代码：

```
1    [class]{ }                      /*选择第 1、3、4、7、8 行*/
2    .t1 a[href]{ }                  /*选择第 3、4 行*/
3    .t1 a[class="t2"]{ }            /*选择第 3 行*/
4    .t1 a[class~="t2"]{ }           /*选择第 3、4 行*/
5    .t1 *[class^="x"]{ }            /*选择第 4、7、8 行*/
6    .t1 *[src$="png"]{ }            /*选择第 6 行*/
7    .t1 *[src*="test"]{ }           /*选择第 5、6 行*/
8    .t1 *[class|="x"]{ }            /*选择第 7、8 行*/
```

选择符还有很多种编写方式和用法，可自行查阅资料学习。

任务 2.7 使用 CSS 美化表单

☑ 学习目标

① 能综合使用 CSS 样式设置美化表单标签的效果，使用属性 vertical-align 调整表单标签的

水平排列方式。

② 能使用语法@font-face为网页加载额外字体，应用字体图标的使用方法，在网页中使用字体图标代替传统的图片。

☑ 任务描述

完成系部宣传网页剩余的设置，使用字体图标技术，为网页头部等其他模块添加字体图标，并调整大小、颜色等样式。使用前面学习的知识，设置"联系我们"中表单的样式，使其简洁美观。

☑ 知识学习与课堂练习

1. 使用CSS美化表单

大多数表单标签（如<ipnut>、<textarea>等）都属于内联块元素（inline-block），可与文字一同水平排列，也可通过CSS设置宽高、边框、边界等各种属性。但也有部分表单标签（如单选、多选标签等）的效果由浏览器直接控制，无法使用CSS修改。

表单标签一般自带边框样式，可根据需求对其美化设置，如图2.7-1所示的效果。

图2.7-1 表单标签自带边框样式

图中<ipnut>表单添加了圆角效果、改变了边框颜色、并添加了内部填充使文字与边框不会过分紧密。

HTML标签代码：

```
1    <input type="text" class="fm1">
```

css标签代码：

```
1    .fm1{
2        padding: 5px;
3        border: solid 1px #FFAC00;
4        border-radius: 3px;
5    }
```

使用类似的方法美化按钮样式。

HTML标签代码：

```
1    <input type="submit" class="fm2" value="确定">
```

css标签代码：

```
1    .fm2{
2        width: 120px;
3        height: 40px;
4        border: none;
5        border-radius: 20px;
6        background: linear-gradient(#FFCF00,#F9A200);
7        font: 20px 黑体;
8        color: #fff;
9    }
```

显示效果如图 2.7-2 所示。

图 2.7-2　美化按钮样式

按钮标签中的文字会自动居中，无需 CSS 设置。由于标签自带边框，这里设置了边框为 none，清除了边框样式，使用渐变色为背景效果。圆角半径设置为高度的一半，使按钮两侧产生半圆效果。

2. 内联元素、内联块元素的水平对齐方式

内联元素、内联块元素在水平方向上并不是以标签的顶端进行对齐，而是以标签内的文字底端为对齐的基准线，如图 2.7-3 所示。

图 2.7-3　以文字底端对齐

当文字样式发生变化时，如调整文字大小、行高、字体等，可能会影响到标签的排版，如图 2.7-4 所示。

图 2.7-4　样式发生变化时的效果

为了解决这个问题，最好的办法是将水平排列的标签都设置为浮动，这样可使标签固定以顶端对齐。但如果情况不允许，还可以通过属性"vertical-align"调整对齐的基准方式。

语法：vertical-align: 值;

取值范围：关键词 |数值。

- baseline：以文字的底端为基准进行对齐（默认）。
- sub：垂直对齐文本的下标。
- super：垂直对齐文本的上标。
- top：以标签顶端进行对齐。
- middle：以标签中间进行对齐。
- bottom：以标签底端进行对齐。

数值：以 px 或%为单位，之间调整标签在水平方向上的偏移，可设置负数。

说明：通过关键词 top、middle 等进行对齐的效果并不一定稳定，有时会因为字体、浏览器等因素的影响产生意外的效果。无法得到满意的结果时，可尝试使用数值参数，直接调整标签的垂直偏移，如图 2.7-5 所示。

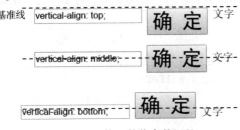

图 2.7-5　使用数值参数调整

【课堂练习 2.7-1】使用文本表单标签和按钮标签制作搜索栏，如图 2.7-6 所示。

图 2.7-6　搜索栏

使用文本表单标签和按钮标签制作搜索栏的左右两个部分，在编写 html 代码时，这两个标签必须连续编写，中间不能添加空格或换行，否则两个标签之间会产生间隔。

设置 CSS 样式时一定要确保两个标签的整体高度必须保持一致，文本表单标签自带填充值可设为 0，避免整体高度产生偏差。如果两个标签无法水平对齐，可设置"vertical-align:top"或浮动。

html 标签代码：

```
1   <input type="text" class="fm1"><input type="submit" class="fm2" value="
    搜索">
```

css 标签代码：

```
1   .fm1{        /*实际高度 30+5+5=40px*/
2       width: 200px;
3       height: 30px;
4       border: solid 5px #FF1814;
5       border-radius: 5px 0 0 5px;      /*左侧圆角*/
6       vertical-align: top;             /*对齐方式*/
7       padding: 0px;                    /*清除填充/
8   }
9   .fm2{
10      width: 80px;
11      height: 40px;
12      border: none;                    /*清除边框*/
13      border-radius: 0 5px 5px 0;      /*右侧圆角*/
14      vertical-align: top;             /*对齐方式*/
15      background: #FF1814;
16      font: 20px 黑体;
17      color: #fff;
18  }
```

3. 表单标签的焦点状态

当一个表单标签被鼠标点击后进行输入等操作时，可以称该标签处于"焦点"状态，通过伪类":focus"可以给该状态下的标签设置特殊样式效果，类似于任务 2.5 中学习的":hover"。

例如，设置文本表单处于焦点状态时，显示外发光效果，改变边框颜色。

css 标签代码：

```
1   input:focus{
2       box-shadow: 0 0 4px #00DDFF;
3       border: 1px solid #51EAFF;
4       outline: none;
5   }
```

显示效果如图 2.7-7 所示。

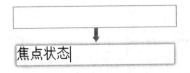

图 2.7-7 外发光效果

部分浏览器（如 chrome）会自带焦点状态效果，代码中的"outline: none;"是为了消除自带的轮廓效果。

4. 字体图标的使用

一般情况之下，都是通过<img>标签或是标签的背景属性来添加图标，但使用的图片都属于位图图片，放大会产生锯齿，且无法随意修改颜色，如图 2.7-8 所示。

图 2.7-8 添加图标

字体图标的原理是将大量图标保存为字体文件，保存的图标属于矢量数据，可以随意缩放不失真，如图 2.7-9 所示。使用 CSS 将字体文件加载到网页中使用，在网页中需要使用图标的位置通过特殊编码调用出来，再通过 CSS 的字体大小、颜色等属性设置图标的样式。

图 2.7-9 保存为字体文件的图标

（1）字体文件的加载

在使用字体图标的功能前，需要有记录图标数据的字体文件，这种类型的文件互联网中免费提供，这里使用课件中准备好的字体文件 icomoon 为例，该文件记录了将近 500 个图标，如图 2.7-10 所示将字体文件放入到网页的相关目录中。

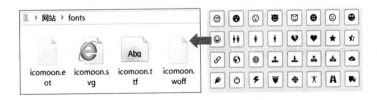

图 2.7-10 将字体文件放入网页的相关目录中

字体文件有多种文件格式，如 TureTpe(.ttf)、Web Open Font Format(.woff)、Embedded Open Type(.eot)、SVG(.svg)等。由于不同浏览器对字体文件格式的兼容性不同，为了使各种浏览器都能正常使用字体图标，以上几种格式的字体文件都是必须的。关于浏览器对不同格式字体的兼容性可通过图 2.7-11 查看。

Values	IE	Firefox	Chrome	Safari	Opera	iOS Safari	Android Browser	Android Chrome
Basic Support	6.0+	2.0+	4.0+	3.1+	15.0+	3.2+	2.1+	18.0+
eot	6.0+	2.0-38.0	4.0-43.0	3.1-8.1	5.0-28.0	3.2-8.1	2.1-4.4.4	16.0-40.0
ttf/otf	6.0-8.0 / 9.0+	2.0-3.0 / 3.5+	4.0+	3.1+	15.0+	3.2-4.1 / 4.3+	2.1 / 2.2+	18.0+
woff	6.0-8.0 / 9.0+	2.0-3.5 / 3.6+	4.0 / 5.0+	3.1-5.0 / 5.1+	15.0+	3.2-4.3 / 5.0+	2.1-4.3 / 4.4+	18.0+
svg	6.0-11.0	2.0-38.0	4.0-37.0 / 38.0-43.0 #1	3.1 / 3.2+	15.0-24.0 / 25.0-28.0 #1	3.2+	2.1-2.3 / 3.0+	18.0-37.0 / 38.0-43.0 #1

图 2.7-11 不同格式字体的兼容性

要使用这些字体文件，需要使用 CSS 的语法"@font-face"将字体文件加载到网页中。

语法：@font-face{
    font-family: "定义字体名称";
    src: url("字体路径") format("格式名");
    }

说明：

"@font-face{}"属于固定的语法结构，表示在网页中定义一种新的字体。

"font-family: "字体名称""用于设置该字体的名称，字体名称自行定义，以后一般标签可通过字体属性"font-family"使用该名称的字体。

"src:url("字体路径")"通过设置的路径加载字体文件，后面的"format("格式名")"用于声明该字体的格式，便于浏览器识别，该部分也可不添加。如果要加载多种字体格式的文件，可使用逗号分隔依次填写，如"src: url("路径 1"), url("路径 2"), url("路径 3")"。

通过上面的兼容性表格可发现 woff 格式的字体在新版本浏览器中都支持，字体文件 icomoon 的加载设置可简单写成：

CSS 标签代码：

```
1  @font-face {
2      font-family: "my_icons";
3      src:   url("fonts/icomoon.woff");
4  }
```

如果要考虑旧版本浏览器的兼容，代码可写为（注释部分是兼容的浏览器及版本）：

CSS 标签代码：

```
1  @font-face {
2  font-family: "my_icons";
3      src:url("fonts/icomoon.eot"); /* IE9+ */
4      src:url("fonts/icomoon.eot?#iefix") format("embedded-opentype"), /* IE6-IE8 */
5      url("fonts/icomoon.woff") format("woff"), /* chrome、firefox */
6      url("fonts/icomoon.ttf") format("truetype"), /* chrome、firefox、opera、Safari, Android, iOS 4.2+*/
7      url("fonts/icomoon.svg#my_icons") format("svg"); /* iOS 4.1- */
9  }
```

（2）字体图标的使用和伪对象选择器:before 和:after

网页中加载了字体文件后，便可让标签使用该字体，但由于字体图标不属于文字数据，无法直接写为文字显示，需要使用特定的编码代表图标。图标的编码在字体文件制作时已被设定好，具体可打开字体文件附带的说明文件查看，如图 2.7-12 中的"e90a""e909"等就是图标对应的编码。

图 2.7-12　图标对应的编码

图标的编码不能直接写在标签内，标签无法正确识别，需要使用伪对象选择器:before 或:after，该选择器的作用是通过 CSS 的方式在标签内插入一个标签和数据。

语法：E:before{
　　　content: "内容";
　　　其他属性……
　　}

说明：

":before"在标签内开头部分插入一个新的标签，该标签属于内联标签，文字内容是属性"content:"内容""所设置的文字，如果要设置该标签的其他属性，可在选择器:before 内直接添加。

":after"是将新标签插入到当前标签的末尾部分。

例如，为标题栏开头插入固定文字"标题:"。

HTML 标签代码：

```
1    <div class="title">二季度××上涨</div>
```

CSS 标签代码：

```
1    .title:before{
2         content:"标题: ";
3         font-size: 20px;
4         font-weight: bold;
5    }
```

显示效果如图 2.7-13 示。

标题：二季度××上涨

图 2.7-13　在开头插入固定文字

例如，为浮动标签的结尾插入清除浮动的标签。

HTML 标签代码：

```
1    <div class="f">
2         <div>浮动标签</div>
3         <div>浮动标签</div>
4    </div>
```

5   浮动已被清除

CSS 标签代码：

```
1    .f:after{                          /* 用于清除浮动 */
2        content: "";                   /* 空标签，不添加文字 */
3        display: block;                /* 定义为块标签，否则清除无效 */
4        clear: both;
5    }
```

显示效果如图 2.7-14 所示。

图 2.7-14 清除浮动的标签

字体图标的编码以"content: "\编码";"的格式添加到伪对象选择器中，并设置当前使用的字体为图标字体，便可被正确识别并显示。

HTML 标签代码：

```
1    <span class="icon_twitter"></span>
2    <span class="icon_facebook"></span>
3    <span class="icon_tree"></span>
```

CSS 标签代码：

```
1    .icon_twitter:before{
2        font-family: my_icons;         /* 使用图标字体 */
3        content: "\ea96";              /* 图标编码 */
4    }
5    .icon_facebook:before{
6        font-family: my_icons;
7        content: "\ea90";
8    }
9    .icon_tree:before{
10       font-family: my_icons;
11       content: "\e9bc";
12       color: #f00;
13       font-size: 40px;
14   }
```

显示效果如图 2.7-15 所示。

图 2.7-15 添加字体图标

如果要使用的字体图标比较多，建议统一字体图标的类名称格式以便方便管理，如上面代码的"icon_名称"，之后可使用"任务 2.6 扩展练习"中的属性选择符统一设置，如上面的代码改写为：

CSS 标签代码：

```
1    /* 对有"icon_"类名称的标签使用统一的字体设置 */
2    [class*="icon_"]:before{
3        font-family: my_icons;
```

```
4            /* 相同的样式效果可进一步设置 */
5        }
6   /* 设置类名称对应的图标 */
7   .icon_twitter:before{ content: "\ea96"; }
8       .icon_facebook:before{ content: "\ea90"; }
9       .icon_tree:before{ content: "\e9bc"; }
10  /* 设置独立的样式 */
11      .icon_tree{
12          color: #f00;
13          font-size: 40px;
14      }
```

【课堂练习 2.7-2】使用表单标签和图标字体制作如图 2.7-16 所示的按钮样式。

图 2.7-16　按钮样式

一般的<input>表单标签无法添加:before 的内容，需要使用<button></button>标签制作。为该标签添加两个类选择符样式，".bt" 负责设置图标和文字样式，".icon_user" 只负责插入字体图标，因为一个字体图标可能会被使用在多个位置，且样式不一样，所以将图标的添加和样式的设置分开控制，这样设置也方便图标的更换。

HTML 标签代码：

```
1   <button class="bt icon_user" type="submit">User</button>
```

CSS 标签代码：

```
1   @font-face { /* 字体设置省略 */}
2       [class*="icon_"]:before{font-family: my_icons;}
3   .icon_user:before{ content: "\e971"; } /* 设置图标 */
4
5   .bt{    /* 按钮和内部字体的样式 */
6           border: none;
7           background: #0086FF;
8           color: #fff;
9           font-size: 20px;
10          border-radius: 0.25em;   /* 适应文字大小自动改变 */
11          padding: 0.4em 0.8em;    /* 适应文字大小自动改变 */
12      }
```

上面的代码中圆角和填充的参数使用 em 为单位，这样修改标签文字大小后，按钮也可以自动调整大小。将代码进一步改进，制作出可调整大小的图标按钮：

HTML 标签代码：

```
1   <button class="bt_s1 icon_home"> 主页</button>
2   <button class="bt_s2 icon_pencil"> 修改</button>
3   <button class="bt_s3 icon_checkmark"> 确定</button>
4   <button class="bt_s4 icon_cross"> 取消</button>
```

CSS 标签代码：

```
1   .icon_home:before{ content: "\e900"; }
2       .icon_pencil:before{ content: "\e906"; }
3       .icon_checkmark:before{ content: "\ea10"; }
4       .icon_cross:before{ content: "\ea0f"; }
```

```
5
6       [class*="bt_"]{ /* 按钮的统一样式 */
7           border: none;
8           background: #0086FF;
9           color: #fff;
10          border-radius: 0.25em;
11          padding: 0.4em 0.8em;
12      }
13      .bt_s1{ font-size: 14px; }   /* 不同大小的按钮 */
14      .bt_s2{ font-size: 20px; }
15      .bt_s3{ font-size: 25px; }
16      .bt_s4{ font-size: 30px; }
```

显示效果如图 2.7-17 所示。

图 2.7-17　可调整大小的图标按钮

任务实施

完成系部宣传网页剩余的设置，在 CSS 中加载字体图标文件，为网页头部等其他模块添加字体图标，并调整大小、颜色等样式。美化"contact"模块中的表单样式，如图 2.7-18 所示。

图 2.7-18　美化表单样式

① 将字体文件放到网页相关的文件夹中，在 CSS 中加载字体图标文件并设置所使用的图标。这里将该部分 CSS 代码保存到一个新的 CSS 文件（命名 fonts.css）中，再加载到网页中，这样以后在制作其他网站的页面时也能直接使用这些图标字体设置，如图 2.7-19 所示。

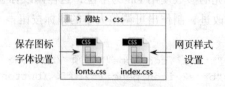

图 2.7-19　在 CSS 中加载字体图标

HTML 标签代码：

```
1    <head>
2        …
3        <link rel="stylesheet" href="css/fonts.css" />
4    </head>
```

fonts.css 标签代码：

```
1   @font-face {
2       font-family: "my_icons";
3       src:url("../fonts/icomoon.eot");
4       src:url("../fonts/icomoon.eot?#iefix")
5   format("embedded-opentype"),
6       url("../fonts/icomoon.woff") format("woff"),
7       url("../fonts/icomoon.ttf") format("truetype"),
8       url("../fonts/icomoon.svg#my_icons") format("svg");
9   }
10  /* 设置类名称对应的图标 */
11  [class*="icon_"]:before{ font-family: my_icons; }
12  .icon_bubbles:before{ content: "\e96c"; }
13  .icon_weibo:before{ content: "\ea9a"; }
14  .icon_twitter:before{ content: "\ea96"; }
15  .icon_facebook:before{ content: "\ea90"; }
16  .icon_tree:before{ content: "\e9bc"; }
17  .icon_display:before{ content: "\e956"; }
18  .icon_location:before{ content: "\e947"; }
19  .icon_envelop:before{ content: "\e945"; }
20  .icon_phone:before{ content: "\e942"; }
21  .icon_libreoffice:before{ content: "\eae3"; }
22  .icon_cloud:before{ content: "\e9c4"; }
23  .icon_menu:before{ content: "\e9bd"; }
```

② 在头部 logo 标签内加入一个<span>标签用于放置字体图标，之后所有字体图标将统一使用<span>标签放置。为<span>标签设置对应图标的类选择符，再设置该标签的文字大小、颜色等样式。如果图标与 logo 文字无法对齐，尝试使用 "vertical-align" 属性进行调整。

HTML 标签代码：

```
1   <header>
2       <a href="#" class='logo'>
3           <span class="icon_cloud"></span>信息工程系
4       </a>
        ...
```

CSS 标签代码：

```
1   .logo span{
2       font-size:3.4rem;        /*调整图标大小*/
3       line-height: 1em;        /*清除行高，避免影响整体头部高度*/
4       vertical-align: -6px;    /*调整图标与 logo 文字的对齐位置*/
5       color: #38B5C9;
6   }
```

显示效果如图 2.7-20 所示。

☁ 信息工程系

图 2.7-20　在 logo 图标内放置文字图标

③ 重新设置头部右侧的导航栏按钮标签的样式，同样使用<span>标签为其添加图标。为了使图标居中对齐，将<span>标签设置为块元素，文本水平居中，设置行高与外层标签一致，这样字体图标可以放置在正中间。

HTML 标签代码：

```
1   <!-- 网页头部 -->
2   <nav>
3       <span class="icon_menu"></span>
4       <ul>
5           …
6       </ul>
7   </nav>
```

CSS 标签代码：

```
1   header nav{
2       float: right;
3       height: 30px;
4       width: 44px;
5       margin: 4px;
6       border-radius: 3px;                     /*新设置的圆角效果*/
7   }
8   header nav:hover{ background: #ddd; }       /*鼠标悬挂效果*/
9   header nav span{                            /*字体图标*/
10      display: block;
11      text-align: center;                     /*图标水平居中*/
12      font-size:2.5rem;
13      line-height: 30px;                      /*与外层高度一致，图标垂直居中*/
14      color: #666;
15  }
```

显示效果如图 2.7-21 所示。

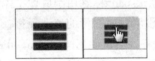

图 2.7-21　导航栏按钮标签的样式

④ 在"services"模块的标题前加入图标标签，由于该模块已设置成文字居中，只需要统一设置图标的大小和颜色。

HTML 标签代码：

```
1   <div class='services center white'>
2       …
3       <span class="icon_display"></span>
4       <h3>计算机科学与技术</h3>
5       <p>…</p>
6       <span class="icon_tree"></span>
7       <h3>网络工程</h3>
8       <p>…</p>
9       <span class="icon_libreoffice"></span>
10      <h3>软件工程</h3>
11      <p>…</p>
12  </div>
```

CSS 标签代码：

```
1   .services span{
2       font-size: 70px;
3       color: #C0ED5D;
4   }
```

显示效果如图 2.7-22 所示。

图 2.7-22　在标题前加入图标标签

⑤ "contact" 模块也是用类似的方法设置。

HTML 标签代码：

```
1   <div class='contact center'>
2       ...
3       <span class="icon_location"></span>
4       <p>广东省广州市白云区花山镇太平路 1 号<br>华南工业大学.信息工程系</p>
5       <span class="icon_envelop"></span>
6       <p>xieguanhuai@163.com</p>
7       <span class="icon_phone"></span>
8       <p>020-8622 9999</p>
9       ...
10  </div>
```

CSS 标签代码：

```
1   .contact span{
2       font-size: 40px;
3       color: #3AB7CB;
4   }
```

显示效果如图 2.7-23 所示。

图 2.7-23　设置 "contact" 模块

⑥ 网页脚部的图标。

HTML 标签代码：

```
1   <footer class='center'>
2       Copyright &copy; 2015 信息工程系.华南工业大学<br>
3       <span class="icon_bubbles"></span>
4       <span class="icon_weibo"></span>
5       <span class="icon_facebook"></span>
6       <span class="icon_twitter"></span>
7   </footer>
```

CSS 标签代码：

```
1   footer span{
2       font-size: 22px;
3   }
4   footer span:hover{
5       color: #3AB7CB;
6   }
```

显示效果如图 2.7-24 所示。

图 2.7-24　网页脚部的图标

⑦ 美化"contact"模块的表单设置，文本表单和多行文本表单的样式相近，相同的效果可统一设置，并设置标签处于"焦点"状态时，产生发光效果。另外要注意虽然两个文本表单并排排列，但整体宽度之和不能为 100%，因为内联块标签之间会产生空格，空格也会占用空间，应该预留因位置容纳空格。

下面的代码使用"任务 2.66 扩展练习"中的属性选择符知识，选择不同"type"的表单标签进行设置，如果未掌握该知识点，也可定义多个类选择符分别控制目标标签。

HTML 标签代码：

```
1   <form>
2       <input type="text" name="name" size="20" maxlength="30" placeholder="姓名" />
3       <input type="text" name="tel" size="11" placeholder="电话" />
4       <br />
5       <textarea name="word" rows="5" cols="30" placeholder="提交内容"></textarea>
6       <br />
7       <input type="submit" name="submit" value="发送邮件" />
8   </form>
```

CSS 标签代码：

```
1   .contact input[type="text"],.contact textarea{
2       padding: 5px 10px;
3       border: solid 1px #aaa;
4       border-radius: 4px;
5   }
6   .contact input[type="text"]:focus,.contact textarea:focus{
7       outline: none;
8       border: solid 1px #0CA2E8;
9       box-shadow: 0 0 3px #0CA2E8;
10  }
11  .contact input[type="text"]{
12      width: 44%;
13      margin-right: 4%;          /* 整体宽度(44+4)×2=96% */
14      margin-top: 30px;
15  }
16  .contact textarea{
17      width: 100%;
18      margin: 15px 0 30px 0;
19      resize:vertical;           /* 只允许拖拽改变高度 */
20  }
```

显示效果如图 2.7-25 所示。

图 2.7-25　添加图片备用说明

补充：CSS 第 19 行的属性"resize"可以设置多行文本标签是否允许手动调整大小，参数"horizontal"可调整宽度、"vertical"可调整高度、"both"可调整高和宽、"none"不允许调整。

⑧ 最后设置表单按钮的样式，完成整个页面的设置操作。

css 标签代码：

```
1    .contact input[type="submit"]{
2        font-size: 1.8rem;
3        color: #fff;
4        padding: 7px 15px;
5        background: #3AB7CB;
6        border: none;
7        border-radius: 5px;
8    }
9    .contact input[type="submit"]:hover{
10       background: #329CAD;
11   }
```

显示效果如图 2.7-26 所示。

图 2.7-26　表单按钮的样式

☑ 任务回顾

本任务学习了如下知识：

① vertical-align 属性。

② @font-face 属性。

将这些知识运用到项目中，完成了：

① 美化了表单。

② 添加了字体图标。

☑ 任务拓展

在任务 4.3 和 4.4 中，分别涉及 Glyphicon Halflings 免费为 Bootstrap 提供的 250 多个 Glyphicons 图标字体，以及一个免费开源的图标字体 Font Awesome。

项目3　对网页广告单页进行响应式改造

☑ 项目简介

项目将通过"对网页广告单页进行响应式改造"项目，完成网页栅格系统、网页常见组件的学习与制作。

☑ 项目情景

在项目2完成后，程序员搭档张妃也已经完成了她的工作并进行了集成测试，你们成功发布了网页的1.0版本。在进行系统测试前，华南工业大学信息工程系招生就业办公室与你的上司（项目经理）沟通，他们希望网页能够满足手机浏览的同时，能够兼顾平板电脑、计算机以及宽屏用户，你的上司召开了项目变更会议，会议同意了他们的需求变更要求，并完成了变更手续。

现在，变更单已经交付到给你，你需要根据变更单要求，对项目2的成果进行修改，以使页面能够符合客户需求。

在完成变更后，需要向项目经理汇报。

软件变更申请表

客户	华南工业大学信息工程系招生就业办公室	项目名称	招生宣传广告单页
客户版本	1.0	报告人	雷总工
日期	2015年5月19日	表单编号	V1.2.8
变更提出点：	☑客户需求□开发测试发现□工程实施发现□客服反馈□开发质量评审□其他问题		
问题/变更原因的说明 （请附上所有相关文件或数据以备查阅（如有））			
变更内容： 页面布局 更改后希望达到的目标： 能够适应平板电脑、计算机和宽屏等不同视口的浏览需求 建议解决方案： 将页面修改为响应式页面			
□基线，基线版本，　1.0		变更原因：□缺陷　☑功能增强　□新需求	
涉及模块	前端	影响客户（可选）	
预计工作量	40小时	是否变更	☑是　□否
优先级：	□特急□急☑一般□缓	完成时限	
确认意见	（注：为基线变更需由CCB组长审批）		

续表

变更影响范围			配置项提取路径	
申请配置项	源代码			
	文档	index.html		
		style.css		
变更实施人		前端工程师.谢工	申请日期	2015 年 5 月 19 日
关联单号		无		
客户单位意见			建设单位意见	

☑ 项目分析

拿到变更单后，需要根据项目变更流程，完成网页的变更。

项目变更的一般流程如下：

变更分析 ➡ 变更 ➡ 变更测试 ➡ 变更确认

☑ 能力目标

① 能够根据需要编写删格系统的样式代码，并应用删格系统制作响应式页面。
② 能够制作符合 W3C 规范并根据需求兼容各浏览器内核版本的企业应用级页面。

任务 3.1　变更网页导航菜单

☑ 学习目标

① 能表述响应式网页设计的相关概念。
② 能明白 CSS 媒体查询在响应式网页设计中的作用。
③ 能够正确使用 CSS 媒体查询。

☑ 任务描述

将系部宣传网页设置为响应式网页，当用户使用平板设备或计算机设备时，对导航栏中的列表标签进行样式设置和排版，使导航栏的列表内容全部显示在页面顶部。

☑ 知识学习与课堂练习

1. 认识响应式网页设计

响应式网页设计就是网页的设计与开发能够根据用户行为以及设备环境（系统平台、屏幕尺寸、屏幕定向等）进行相应的响应和调整。即无论用户正在使用笔记本电脑、iPad、手机，我们的页面都能够自动切换分辨率、图片尺寸等，以适应不同设备。如图 3.1-1 ~ 3.1-3 所示是同一个网页在不同的设备所显示的效果。

图 3.1-1　计算机版

图 3.1-2　平板版

图 3.1-3　手机版

实现响应式设计的主要途径是使用 CSS 媒体查询。

2. CSS 媒体查询

CSS 媒体查询可以根据不同的屏幕尺寸设置不同的样式。当我们重置浏览器大小的过程中，页面也会根据浏览器的宽度和高度重新渲染页面。

其语法形式如下：

```
@media mediatype and|not|only (media feature)
{
CSS-Code;
}
```

mediatype 即媒体类型，其种类如表 3.1-1 所示。

表 3.1-1 媒体类型

媒体类型	应用
all	用于所有设备
print	用于打印机和打印预览
screen	用于计算机屏幕、平板电脑、智能手机等
speech	应用于屏幕阅读等发声设备

Media feature 即媒体功能，其取值如表 3.1-2 所示。

表 3.1-2 媒体功能

值	描述
width	浏览器可视宽度
height	浏览器可视高度
device-width	设备屏幕的宽度
device-height	设备屏幕的高度
orientation	检测设备目前处于横向还是纵向状态
aspect-ratio	检测浏览器可视宽度和高度的比例。例如，aspect-ratio:16/9
device-aspect-ratio	检测设备的宽度和高度的比例
color	检测颜色的位数。例如：min-color:32 就会检测设备是否拥有 32 位颜色
color-index	检查设备颜色索引表中的颜色，它的值不能是负数
monochrome	检测单色桢缓冲区域中的每个像素的位数
resolution	检测屏幕或打印机的分辨率
grid	检测输出的设备是网格还是位图设备

例如：

```
@media screen and (min-width: 320px) and (max-width:768px) {
……/*这里的样式将会应用到 320px 至 768px 之间的显示屏*/
}
/*@media 查询媒体；如果媒体是显示屏幕（screen），且显示宽度在 320px 至 768px 之间，将执行后续的样式代码。注意 and 前后要添加空格。
*/
```

【课堂练习 3.1-1】CSS 媒体查询简单应用。

html 标签代码：

```
1    <div class="text">some text</div>
```

css

```
1    .text {
2        color: grey;}
3    @media screen and (max-width: 960px) {
4    .text {
5        color: red;}
6    }
7    @media screen and (max-width: 768px) {
8    .text {
9        color: orange;}
10   }
11   @media screen and (max-width: 550px) {
12   .text {
13       color: yellow;}
14   }
15   @media screen and (max-width: 320px) {
16   .text {
17       color: green;}
18   }
```

在火狐浏览器的响应式设计模式下调整浏览器视口宽度，可以看到在不同分辨率下，文字的颜色有所变化，如图 3.1-4～图 3.1-6 所示。

这些变化正是媒体查询所要的效果。媒体查询就是通过不同的媒体类型和条件定义样式表规则。媒体查询的实现方法很多，这里只介绍 W3C 推荐的媒体查询 CSS 样式规则。

图 3.1-4　768px 下文字颜色效果（橘黄色）

图 3.1-5　550px 下文字颜色效果（黄色）　　　图 3.1-6　320px 下文字颜色效果（绿色）

也可以通过下列两种写法来实现媒体查询：

① @import url(example.css) screen and (width:800px);。

② <link media="screen and (width:800px)" rel="stylesheet" href="example.css" />。

另外，在使用 media 时需要先设置下面这段代码，以兼容移动设备的展示效果：

<meta name="viewport" content="width=device-width, initial-scale=1.0>

这段代码在项目 1 已经讲过了，其中 width=device-width 为宽度等于当前设备的宽度，initial-scale 为初始的缩放比例（默认设置为 1.0）。

☑ **任务实施**

更改系部宣传网页头部的导航栏部分，让导航栏的列表内容显示在页面顶部。代码如下：

```css
1   /*平板设备附加的样式,页面宽度大于等于768*/
2   @media all and (min-width:768px){
3       /*显示导航栏*/
4       header nav{ width: auto; }
5       header nav:hover{ background: transparent; }
6       header nav span{ display: none; }
7       header nav ul{
8           position: static;
9           width: auto;/*宽度自动适应内部的li的总宽度,不能设100%*/
10          display: block;
11          border: none;
12      }
13      header nav li{
14          margin: 0 10px;
15          float: left;
16          line-height: 30px;
17      }
18      .team section{ height: 300px;/*避免高度不一致*/ }
19      .contact section{ margin-bottom: 40px; }
20      footer div:nth-of-type(1){ float: left; }
21      footer div:nth-of-type(2){ float: right; }
22  }
```

任务回顾

本任务学习了如下知识:
① 响应式网页设计的相关概念。
② CSS 媒体查询及其在响应式网页设计中的作用。
将这些知识运用到项目中,完成了:
将移动端"图标+列表"的导航修改为在平板端以上视口设备显示为横向导航条。

任务拓展

二级导航菜单即指当鼠标指针放到一级导航菜单上后,会弹出相应的二级导航菜单,移去鼠标指针后导航菜单消失。可以通过给一级导航菜单加一个 hover,鼠标指针滑过时二级导航菜单显示,鼠标指针移走后隐藏二级导航菜单。

请思考如何实现图 3.1-7 所示的二级导航菜单?

图 3.1-7 二级导航菜单

任务 3.2 编写网页栅格系统

学习目标

① 能口述网页栅格系统的布局原理,栅格系统的设计原则。
② 能设置制作出固定宽度页面和任意宽度页面的栅格系统的 CSS 布局代码。
③ 能将栅格系统和媒体查询功能结合,制作出 CSS 布局文件,兼容任意宽度、任意显示设备的网页排版布局。

☑ 任务描述

将媒体查询功能和栅格化布局结合，制作一个适用于页面排版布局的通用型 CSS 文件，使得任何一个按要求设置并应用该 CSS 文件的页面能够实现响应式效果。

☑ 知识学习与课堂练习

1. 认识网页栅格系统

网页栅格系统是一种网页排版布局方式，将网页宽度平分为多个等份的网格，如 6 等份、12 等份、24 等份，页面中每个模块的宽度设置为 1 等份的整倍数。如图 3.2-1 所示是将页面分为 6 等份的布局效果。

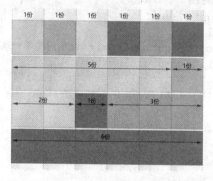

图 3.2-1　页面分成 6 等份的布局效果

对于网页设计来说，栅格系统的使用，不仅可以让网页的信息呈现更加美观易读，更具可用性，而且对于前端开发来说，网页将更加的灵活与规范，如图 3.2-1 的 6 等份的网格，还可组合出 2∶2∶2、3∶3、4∶2 等布局方式。图 3.2-2 ~ 图 3.2-4 是不同等份的分割在网页中的实际应用。

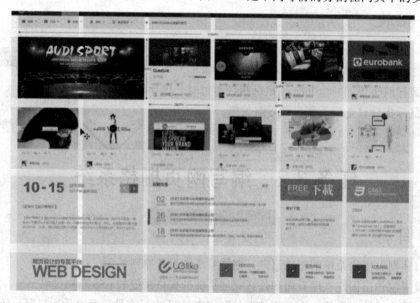

图 3.2-2　6 等份网页效果

图 3.2-3　12 等份网页效果

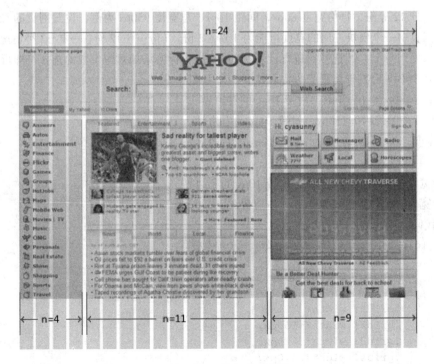

图 3.2-4　24 等份网页效果

2. 网页栅格系统的设计

如图 3.2-5 所示，假设将网页宽度平均分为 n 份，每份网格宽度为 w，则网页总宽度为 w×n。但考虑到每个网页模块之间因保留一定的间距 i，如果一个模块占用 3 份网格，其实际宽度为 w×3−i。而水平排列的最后一个模块不应该保留间距 i，所以网页的实际总宽度应该为总宽度 Width= w×n−i。

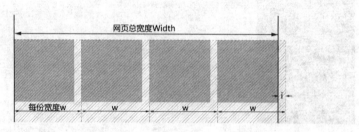

图 3.2-5　n 等份的网页

根据上面的公式，假设网页分为 12 等份，每份宽度 80px，间距 10px，则总宽度为 950px。这是网页栅格化中比较常用的划分方式，12 等份的网格可以使网页平均放入 2 个模块（6:6），或是 3 个模块（4:4:4），或是 4 个模块（3:3:3:3），或是 6 个模块（2:2:2:2:2:2），使布局灵活多样。

如果需要更加细致的布局，也可以分为 24 等份，每份宽度 40px，间距 10px，总宽度为 950px。但不一定要局限于这两种划分方式，也可自行尝试其他的划分，如 10 等份、16 等份等。

3. 网页栅格系统的实现

以网页分 12 等份，每份宽度 80px，间距 10px，总宽度 950px 为例，设置网页的 CSS 样式。

由于网页中一个模块占用的宽度可能为 1 份、2 份、3 份……12 份，一共 12 种情况，需要将每种情况都使用一个 CSS 选择符进行设置，以后直接为标签添加对应份数的选择符即可完成宽度的设置。其中不同份数与其宽度的关系如下：

1 份宽度=80×1−10=70px，附带 10px 的右边界。
2 份宽度=80×2−10=150px，附带 10px 的右边界。
3 份宽度=80×3−10=230px，附带 10px 的右边界。
……
11 份宽度=80×11−10=870px，附带 10px 的右边界。
12 份宽度=80×12−10=950px，无右边界。

CSS 代码：

```
1    [class*="grid"]{/*为.gridn统一添加样式*/
2        float: left;
3        margin: 0 10px 10px 0;/*右边界和下边界*/
4    }
5    .grid1{ width: 70px; }
6    .grid2{ width: 150px; }
7    .grid3{ width: 230px; }
8    .grid4{ width: 310px; }
9    .grid5{ width: 390px; }
10   .grid6{ width: 470px; }
```

```
11      .grid7{ width: 550px; }
12      .grid8{ width: 630px; }
13      .grid9{ width: 710px; }
14      .grid10{ width: 790px; }
15      .grid11{ width: 870px; }
16      .grid12{ width: 950px; margin-right: 0; }/*不需要边界*/
17      .grid_last{ margin-right: 0; }/*消除一行最后一个的边界*/
18      /*关于标签的其他设置在此省略,如背景、高度等*/
```

选择符".grid1"至".grid12"设置了12种等份情况下所使用的宽度,"[class*="grid"]"选择符为添加了".grid**n**"的标签再添加上10px的右边界和其他相同的样式设置。

由于一行中最后一个模块不需要添加右边界,所以设置".grid_last"选择符用于消除右边界,最后一个模块的class因写为"class="grid**n** grid_last""。

将上述CSS设置应用到实际网页布局中:

HTML代码:

```
1   <div class="main"><!--网页主体,宽950px -->
2       <!-- 第一行 -->
3       <div class="grid2">2</div>
4       <div class="grid2">2</div>
5       <div class="grid2">2</div>
6       <div class="grid2">2</div>
7       <div class="grid2">2</div>
8       <div class="grid2 grid_last">2</div>
9       <!-- 第二行 -->
10      <div class="grid3">3</div>
11      <div class="grid4">4</div>
12      <div class="grid5 grid_last">5</div>
13      <!-- 第三行 -->
14      <div class="grid4">4</div>
15      <div class="grid8 grid_last">8</div>
16
17      <div class="clear"></div>
18  </div>
```

显示效果如图3.2-6所示。

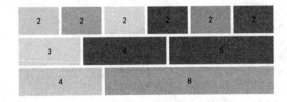

图3.2-6　网页栅格的实现

4. 网页栅格系统的另一种设置(自动适应不同的页面宽度)

在上一内容的设置中,栅格系统只能适用于固定的网页宽度,如果网页总宽度变更,需要重新计算和设置每份网格的宽度。再或者要制作自动适应浏览器宽度的网页,这种设置方法将不适用。

此时可以使用百分比%为单位设置宽度,但间距如果为固定值时,将无法计算出不同宽度下每份网格的比例。现在需要对网格的设置进行一些调整,如图3.2-7所示。

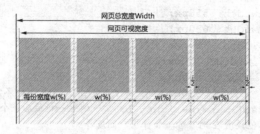

图 3.2-7 调整网格设置

使用百分比%设置网格的宽度，如果分为 12 等份，n 份网格的宽度设置如下：
1 份宽度 = 1/12= 8.33333%。
2 份宽度 = 2/12= 16.66667%。
3 份宽度 = 3/12= 25%。
……
11 份宽度 = 11/12= 91.66667%。
12 份宽度 = 12/12= 100%。

将标签设置为"怪异盒子模型"，使用填充代替边界产生各份的间距，这样间距的宽度将不会对各份的实际宽度造成影响。填充设置为左填充和右填充，宽度为间距宽度的一半。

网页的总宽度等同于浏览器的宽度，或等同于栅格化标签的父标签宽度。由于网页两侧会留有填充产生的间距，所以网页内容可视的宽度为"网页总宽度 Width-i"。

CSS 代码：

```
1    [class*="grid_"]{/*为.gridn_统一添加样式*/
2        box-sizing: border-box;/*怪异盒子模型*/
3        padding: 0 5px 10px 5px;/*间距为 5+5=10*/
4        float: left;
5    }
6    .grid_s1{ width: 8.33333%; }
7    .grid_s2{ width: 16.66667%; }
8    .grid_s3{ width: 25%; }
9    .grid_s4{ width: 33.33333%; }
10   .grid_s5{ width: 41.66667%; }
11   .grid_s6{ width: 50%; }
12   .grid_s7{ width: 58.33333%; }
13   .grid_s8{ width: 66.66667%; }
14   .grid_s9{ width: 75%; }
15   .grid_s10{ width: 83.33333333%; }
16   .grid_s11{ width: 91.66667%; }
17   .grid_s12{ width: 100%;}
```

HTML 代码：

```
1    <div class="main"><!--网页主体，宽任意 -->
2        <!-- 第一行 -->
3        <div class="grid_s3">3</div>
4        <div class="grid_s3">3</div>
5        <div class="grid_s3">3</div>
6        <div class="grid_s3">3</div>
7        <!-- 第二行 -->
8        <div class="grid_s5">5</div>
```

```
9       <div class="grid_s7">7</div>
10      <!-- 第三行 -->
11      <div class="grid_s1">1</div>
12      <div class="grid_s1">1</div>
13      <div class="grid_s6">6</div>
14      <div class="grid_s4">4</div>
15
16      <div class="clear"></div>
17  </div>
```

显示效果如图 3.2-8 所示。

任意宽度下都适用，如图 3.2-9 所示。

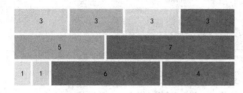
图 3.2-8 自适应页面宽度效果

图 3.2-9 任意宽度下的效果

☑ 任务实施

设计一种响应式栅格布局，除了能够实现栅格化布局功能外，还能结合媒体查询功能，在不同的浏览器宽度下，自动调整布局结构，如网页在手机设备中一行只显示 1 个模块的内容，在平板设备中自动调整为一行显示 3 个模块，计算机设备中一行显示 4 个模块。

下面将"知识学习与课堂练习"中第 4 个知识点的 CSS 设置结合媒体查询功能进一步改进，并将该部分的 CSS 设置单独写在一个独立的 CSS 文件中（如 grid.css），以后可直接应用到其他网页设置中。

使用媒体查询功能设置出三种浏览器宽度下所使用的设置：手机设备（宽度<=767）、平板设备（768<=宽度<=1023）、计算机设备（宽度>=1024）。都添加相同的栅格系统设置，但是选择符的命名有所区别，分别是".grid_sn"".grid_mn"".grid_Ln"。

网页中模块标签将同时添加这三种选择符，如"class='grid_s12 grid_m6 grid_L3'"，由于不同宽度下只有一种选择符会生效，所以标签在不同宽度下将使用不同的布局比例。

grid.css
```
1   [class*="grid_"]{/*栅格化标签的通用设置*/
2       box-sizing: border-box;
3       padding: 0 5px 10px 5px;
4       float: left;
5       background-clip: content-box;  /*填充部分不显示背景，该句可不设置*/
6   }
7   /*手机设备附加的样式，页面宽度<=767*/
8   @media all and (max-width:767px){
9       .grid_s1{ width: 8.33333%; }
10      .grid_s2{ width: 16.66667%; }
11      /* …… 其余设置与上一内容设置的一样，此处省略*/
12      .grid_s12{ width: 100%; }
13  }
14  /*平板设备附加的样式，768<=页面宽度<=1023*/
15  @media all and (min-width:768px) and (max-width:1023px){
```

```
16      .grid_m1{ width: 8.33333%; }
17      .grid_m2{ width: 16.66667%; }
18      /* …… 其余设置与上一内容设置的一样，此处省略*/
19      .grid_m12{ width: 100%; }
20   }
21   /*电脑设备附加的样式，页面宽度>=1024*/
22   @media all and (min-width:1024px){
23      .grid_L1{ width: 8.33333%; }
24      .grid_L2{ width: 16.66667%; }
25      /* …… 其余设置与上一内容设置的一样，此处省略*/
26  .grid_L12{ width: 100%; }
27   }
```

HTML 代码：

```
1   <div class="main"><!-网页主体，宽任意 -->
2       <div class="grid_s6 grid_m4 grid_L3"></div>
3       <div class="grid_s6 grid_m4 grid_L3"></div>
4       <div class="grid_s12 grid_m4 grid_L3"></div>
5       <div class="grid_s6 grid_m4 grid_L3"></div>
6       <div class="grid_s6 grid_m4 grid_L6"></div>
7       <div class="grid_s12 grid_m4 grid_L6"></div>
8
9       <div class="clear"></div>
10  </div>
```

显示效果如图 3.2-10 所示。

☑ 任务回顾

本任务学习了如下知识：
① 栅格系统的布局原理和设计原则。

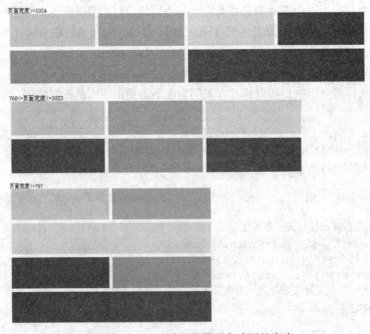

图 3.2-10　不同浏览器下自动调整宽度

② 固定宽度和任意宽度页面的栅格系统区别及 CSS 布局代码编写。

将这些知识运用到一个测试页面中，完成了栅格系统样式代码的测试。

☑ 任务拓展

运用"任务实施"中制作的栅格化设置文件（grid.css），制作如图 3.2-11 和图 3.2-12 所示的效果的相册页面。要求：

① 不同设备下图片部分的排版有所不同，手机、平板设备下图片部分的总宽度等同于浏览器的宽度，计算机设备下图片部分总宽度为 1000px。

图 3.2-11　相册页面 1

图 3.2-12　相册页面 2

② 头部部分宽度始终等同于浏览器宽度，可不使用栅格化布局，但手机设备下文字排布位置有所不同。

任务 3.3　重布局网页内容列表以适应不同窗口

☑ 学习目标

① 能进一步完善栅格化系统的功能，增加栅格布局的留白区域和栅格模块的隐藏功能；
② 能将栅格化系统实际运用到网页制作的布局中。

☑ 任务描述

使用任务 3.2 中制作的响应式栅格系统（文件 grid.css）进一步完善系部宣传网页。使页面在平板设备、计算机设备中都能正常显示，并根据浏览器的宽度自动调整页面部分内容的排版。

☑ 知识学习与课堂练习

1. 为网页栅格系统添加留白区域

在网页布局中，并不是任何网页都会将页面的空间填满，有时由于网页设计的需要会预留一些不放置内容的区域。在上一任务中设置的栅格布局中，每个模块都会从左向右排列将空间填满，现在需要进一步改良设置。

如图 3.3-1 所示，由于标签的填充已用于设置模块间的间距，所以使用左边界，以每份网格为单位，为模块标签的左侧隔开留白的空间。

左边界的长度同样还是以百分比%为单位，设置为一份网格的整倍数，有 1 份网格、2 份、……、11 份一种 11 种情况。和上一任务中栅格系统设置方法类似，为不同的情况都设置一个独立的选择符。

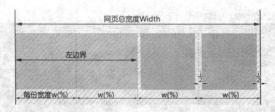

图 3.3-1　设置模块间的间距

为栅格系统的 CSS 文件补充下面的设置：

```
1   /*追加留白的设置*/
2   .ml_s1{ margin-left: 8.33333%; }
3   .ml_s2{ margin-left: 16.66667%; }
4   .ml_s3{ margin-left: 25%; }
5   .ml_s4{ margin-left: 33.33333%; }
6   .ml_s5{ margin-left: 41.66667%; }
7   .ml_s6{ margin-left: 50%; }
8   .ml_s7{ margin-left: 58.33333%; }
9   .ml_s8{ margin-left: 66.66667%; }
10  .ml_s9{ margin-left: 75%; }
11  .ml_s10{ margin-left: 83.33333333%; }
```

```
12    .ml_s11{ margin-left: 91.66667%; }
```
为模块标签添加"grid_"设置宽度的同时,添加"ml_"付加上左边界产生左侧留白效果。
HTML 代码:
```
1    <div class="main"><!--网页主体-->
2        <div class="grid_s10 ml_s2"></div><!--留白2个网格-->
3        <div class="grid_s3"></div>
4        <div class="grid_s3 ml_s1"></div><!--留白1个网格-->
5        <div class="grid_s3 ml_s1"></div><!--留白1个网格-->
6
7        <div class="clear"></div>
8    </div>
```
显示效果如图 3.3-2 所示。

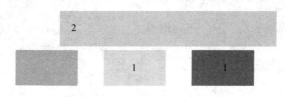

图 3.3-2　栅格留白效果图

响应式栅格系统中要添加留白效果,需要为每种设备的媒体查询,分别添加上述的 CSS 设置,并通过选择符的名称区分,做法与上一任务中响应式栅格系统设置方法类似。

grid.css
```
1    /*手机设备附加的样式,页面宽度<=767*/
2    @media all and (max-width:767px){
3        /*追加留白的设置*/
4        .ml_s1{ margin-left: 8.33333%; }
5        .ml_s2{ margin-left: 16.66667%; }
6        /* …… 其余设置与上述内容一样,此处省略*/
7    }
8    /*平板设备附加的样式,768<=页面宽度<=1023*/
9    @media all and (min-width:768px) and (max-width:1023px){
10       /*追加留白的设置*/
11       .ml_m1{ margin-left: 8.33333%; }
12       .ml_m2{ margin-left: 16.66667%; }
13       /* …… 其余设置与上述内容一样,此处省略*/
14   }
15   /*计算机设备附加的样式,页面宽度>=1024*/
16   @media all and (min-width:1024px){
17       /*追加留白的设置*/
18       .ml_L1{ margin-left: 8.33333%; }
19       .ml_L2{ margin-left: 16.66667%; }
20       /* …… 其余设置与上述内容一样,此处省略*/
21   }
```
如果因为布局需求添加右侧留白边界的,使用相同的方法添加对应的选择符,此处不再重复讲解。

2. 在特定设备宽度下隐藏部分的栅格模块

部分网页的内容比较多,在手机或平板设备下页面无法显示过多的内容,可能需要隐藏部分次要的模块,以节省空间。前面栅格系统的设置中,设定了 1~12 份网格占用的空间,现在追加一个"0份"空间,设置为"display:none;",添加了该选择符的标签便会被隐藏。

grid.css

```
1     @media all and (max-width:767px){
2         /*追加设置*/
3         .grid_s0{ display: none;}
4     }
5     @media all and (min-width:768px) and (max-width:1023px){
6         /*追加设置*/
7         .grid_m0{ display: none;}
8     }
9     @media all and (min-width:1024px){
10        /*追加设置*/
11        .grid_L0{ display: none;}
12    }
```

☑ 任务实施

使用任务 3.2 中制作的响应式栅格系统(文件 grid.css)进一步完善系部宣传网页。使页面在平板设备、计算机设备中都能正常显示,并根据浏览器的宽度自动调整页面部分内容的排版。

如"实训环境"板块中的设备图片,手机设备下一行只显示一张图片,平板设备下一行显示两张,计算机设备下一行显示 3 张(见图 3.3-3)。由于排版方式有所变化,部分内容的 html 标签代码需要进行一下修改。grid.css 文件中的设置也可根据实际情况做一定的修改。

图 3.3-3 不同设备的显示效果

在计算机设备下为了避免整个页面显示宽度过大,所有模块在页面左右两侧各保留 10%的间距。其余细节部分的排版可根据需求进行调整,完整的页面效果请看教材提供的截图。

① 将网页中"关于我们"模块修改为栅格布局,这里并不会将所有标签都使用栅格系统控制,只控制会因为设备宽度不同,有不同显示排版的部分。

如图 3.3-4 所示,为两个部分添加一个外层标签(使用<section>标签),在网页中引用栅格系统的 CSS 文件（grid.css）控制该部分的排版。由于栅格系统控制的标签都设置了"浮动"，要记得清除浮动。

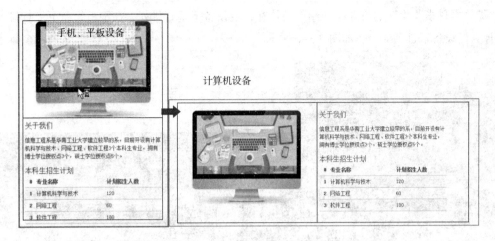

图 3.3-4 修改为栅格布局

index.html

```
1    <article class="about">
2        <!--加粗的标签属于新添加的代码，用于栅格系统布局-->
3        <section class='grid_s12 grid_m12 grid_L6'>
4        <img src="img/about/about1.jpg" />
5        </section>
6        <section class='grid_s12 grid_m12 grid_L6'>
7            <h3><a name="about">关于我们</a></h3>
8            ...
9                </tr>
10           </table>
11       </section>
12       <div class="clear"></div>
13   </article>
```

② "本科专业介绍"的三个专业介绍子模块，在手机和平板设备下垂直排列，在计算机设备下将水平排列，即一行排列三个子模块，如图 3.3-5 所示。

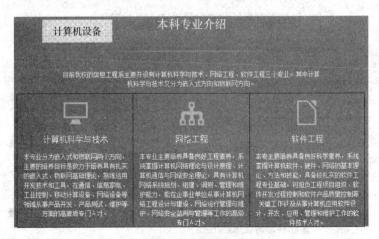

图 3.3-5 专业介绍子模块的排列效果

"实训环境"内的子模块在手机设备下垂直排列,在平板设备下一行排列 2 个,计算机设备下排列 3 个。

"优秀本科毕业生"的毕业生介绍子模块在手机设备下垂直排列,在平板设备下一行排列 2 个,计算机设备下排列 4 个,如图 3.3-6 所示。

图 3.3-6 毕业生介绍子模块的排列效果

"联系我们"的联系方式子模块在手机设备下垂直排列,在平板和计算机设备下一行排列 3 个,如图 3.3-7 所示。

图 3.3-7 联系子模块的排列效果

同样为这些子模块添加标签包括,通过栅格系统控制排版。
index.html
```
1    <article class='services center white'>
2        <h2><a name="services">本科专业介绍</a></h2>
3        ...
4        <!--加粗的标签属于新添加的代码,用于栅格系统布局-->
5        <section class='grid_s12 grid_m12 grid_L4'>
6            <span class="icon_display"></span>
7            <h3>计算机科学与技术</h3>
8            <p>...</p>
```

```
9           </section>
10          <section class='grid_s12 grid_m12 grid_L4'>
11              <span class="icon_tree"></span>
12              <h3>网络工程</h3>
13              <p>...</p>
14          </section>
15          <section class='grid_s12 grid_m12 grid_L4'>
16              <span class="icon_libreoffice"></span>
17              <h3>软件工程</h3>
18              <p>...</p>
19          </section>
20          <div class="clear"></div>
21      </article>
22
23      <article class="portfolio">
24          <h2 class='center'><a name="portfolio">实训环境</a></h2>
25          ...
26
27          <section class='grid_s12 grid_m6 grid_L4'>
28              <div>
29                  <img src="img/portfolio/folio02.jpg" />
30                  <h4>软件工程实验室</h4>
31              </div>
32          </section>
33          <section class='grid_s12 grid_m6 grid_L4'>
34              <div>
35                  <img src="img/portfolio/folio03.jpg" />
36                  <h4>计算机虚拟仿真实验室</h4>
37              </div>
38          </section>
39          <section class='grid_s12 grid_m6 grid_L4'>
40              <div>
41                  <img src="img/portfolio/folio04.jpg" />
42                  <h4>计算机综合布线实训室</h4>
43              </div>
44          </section>
45          省略相同结构的代码……
46          <div class="clear"></div>
47      </article>
48
49      <article class='team center white'>
50          <h2><a name="team">优秀本科毕业生</a></h2>
51          <hr />
52          <section class='grid_s12 grid_m6 grid_L3'>
53              <img src="img/team/team01.jpg" />
54              <h4>赵文</h4>
55              <p>………</p>
```

```
56          </section>
57          <section class='grid_s12 grid_m6 grid_L3'>
58              <img src="img/team/team02.jpg" />
59              <h4>李军浩</h4>
60              <p>……</p>
61          </section>
62          省略相同结构的代码……
63          <div class="clear"></div>
64          <h4>少年，心动了？开始崇拜了？报读我系，也许几年后你的照片将会放置在上面的某
65  个位置哦。</h4>
66      </article>
67
68      <article class='contact center'>
69          <h2><a name="contact">联系我们</a></h2>
70          <hr />
71          <section class='grid_s12 grid_m4 grid_L4'>
72              <span class="icon_location"></span>
73              <p>广东省广州市白云区花山镇太平路1号<br>华南工业大学.信息工程系</p>
74          </section>
75          <section class='grid_s12 grid_m4 grid_L4'>
76              <span class="icon_envelop"></span>
77              <p>xieguanhuai@163.com</p>
78          </section>
79          <section class='grid_s12 grid_m4 grid_L4'>
80              <span class="icon_phone"></span>
81              <p>020-8622 9999</p>
82          </section>
83          <div class="clear"></div>
84
85          <p>如果你有意报读我……
86          …
87      </article>
```

补充："实训环境"模块在添加栅格系统布局后，可能会影响到原本的布局设置，请自行对该部分的CSS设置进行调整。

③ 页脚内容在平板和计算机设备下，将变为放置在左右两侧。将要左右放置的两部分内容添加块标签，使用媒体查询功能控制该标签的布局，如图3.3-8所示。

图3.3-8 左右放置页脚内容

index.html
```
1   <footer class='center'>
2       <!--加粗的标签属于新添加的代码-->
3       <div>Copyright &copy; 2015 信息工程系.华南工业大学</div>
```

```
            <div>
4               <span class="icon_bubbles"></span>
5               <span class="icon_weibo"></span>
6               <span class="icon_facebook"></span>
7               <span class="icon_twitter"></span>
8           </div>
9           <div class="clear"></div>
10      </footer>
```

index.css
```
1   @media all and (min-width:768px){
2       /*页脚内容在平板和计算机设备下的布局*/
3       footer div:nth-of-type(1){ float: left; }
4       footer div:nth-of-type(2){ float: right; }
5   }
```

④ 在计算机设备下页面主体采用100%宽度布局，页面可能会过宽，不便于观看，所有主体模块调整为在页面左右两侧各保留10%的填充间距。

另外部分模块内部非栅格布局的文字段落和表单，也可能显示宽度过长，可调整为模块宽度的75%，居中显示，如图3.3-9所示。

图3.3-9 居中显示

index.css
```
1   @media all and (min-width:1024px){
2       /*计算机设备下，产生两侧填充间距*/
3       header,.home,.about,.services,.portfolio,.team,.contact,footer{
4           padding-left: 10%;
5           padding-right: 10%;
6       }
7       /*避免段落文字过长*/
8       .services>p,.portfolio>p,.team>p,.contact>p,.contact>form{
9           width: 75%;
10          margin-left: auto;
11          margin-right: auto;
12      }
13  }
```

⑤ 调整细节。部分栅格布局的子模块由于文字数量的不相等，会在特定页面宽度下造成子模块高度不一致，导致排版错位，如图3.3-10所示。

图 3.3-10　调整细节

为了避免这种情况,可给该子模块设置固定的高度,使每个子模块的排版统一。
index.css
```
1    @media all and (min-width:768px){
2        .team section{ height: 300px; }/*避免高度不一致*/
3    }
```

☑ 任务回顾

本任务学习了如下知识:
① 栅格布局的留白区域设置。
② 栅格模块的隐藏功能设置。
将这些知识运用到项目中,完成了:
① 页面的响应式设置。
② 完善了页面效果的部分细节。

☑ 任务拓展

使用栅格化布局和栅格化的留白、隐藏,制作图 3.3-11 所示效果的响应式页面头部。
制作提示:
① 在计算机和平板设备下,头部分为两行显示,该两行的标签使用栅格系统控制布局,在手机设备下变为一行布局。
② 每行内的内容同样使用栅格系统控制布局,并结合留白和隐藏的功能控制布局的间距和手机设备下部分内容的隐藏。

图 3.3-11　响应式页面头部

任务 3.4　测试及兼容性设置

☑ 学习目标

① 能描述各个浏览器对 HTML5 及 CSS3 的兼容情况。
② 能根据浏览器兼容性情况使用 CSS3 前缀解决兼容性问题。
③ 能够使用 W3C 提供的验证工具对自己做的网页进行验证，并能根据验证结果修改不符合 W3C 规范的代码。

☑ 任务描述

完善上一任务的系部宣传网页，让该网页的兼容性更强。并使用 W3C 对该网页进行验证，确认是否符合 W3C 标准。

☑ 知识学习与课堂练习

1. 五大浏览器对 CSS3 和 HTML5 兼容性比较

支持 CSS3 和 HTML5 的浏览器变得越来越多，包括最新版的 Microsoft Edge 浏览器。但是，由于 CSS3 和 HTML5 的 W3C 规范在不断地完善，浏览器的兼容性也在不断更新，所以需要对各个浏览器对这两种新技术的支持有一个全面的了解。

目前 IE、Firefox、Opera、Chrome、Safari 五大主流浏览器对 HTML5 和 CSS3 各种特性都有比较好的支持，HTML5 正在成为开发的主流。我国用户浏览器使用情况如图 3.4-1 所示。

图中，第 3、4、6 列分别为 Firefox、Chrome 和 Opera，数据来自 http://caniuse.com/usage-table。

各浏览器版本对 CSS3、HTML5、JS、JS API、Other、Security、SVG 等的支持情况由于版本不断更新，请自行前往 http://caniuse.com/#comparison 了解。

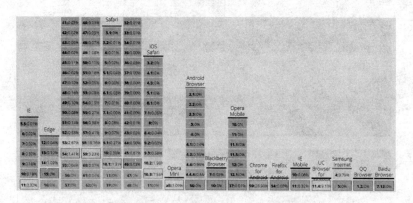

图 3.4-1　国内占 98.09%市场份额浏览器各版本使用情况

2. CSS3 前缀

浏览器一直都在努力支持 CSS3，但它还未成为真正的标准。为此，当一些 CSS3 样式语法存在波动时，它们提供针对浏览器的前缀。现在主要流行的浏览器内核主要有：

① Trident 内核：主要代表为 IE 浏览器。

② Gecko 内核：主要代表为 Firefox。

③ Presto 内核：主要代表为 Opera。

④ Webkit 内核：产要代表为 Chrome 和 Safari。

针对这些不同内核的浏览器，CSS3 部分属性需要添加不同的前缀（见表 3.4-1），也将其称之为浏览器的私有前缀，添加上私有前缀之后的 CSS3 属性可以说是对应浏览器的私有属性。

表 3.4-1　CSS3 前缀

浏　览　器	内　　核	前　　缀
IE	Trident	-ms
Firefox	Gecko	-moz
Opera	Presto	-o
Chrome、Safari	Webkit	-webkit

比如，为了兼容各个浏览器，写一个圆角 border-radius 就需要这样写：

```
<style>
.box {
  -moz-border-radius: 6px;
  -webkit-border-radius: 6px;
  -o-border-radius: 6px;
  border-radius: 6px;
}
</style>
```

但这样编写代码，无形之中给前端人员增加了不少工作量，那么如何在编写 CSS 时不需要添加浏览器的私有前缀，又能让浏览器识别呢？

可以通过引用一个 prefixfree 脚本来解决这个问题。只需要在.html 文件中插入一个 prefixfree.js 文件（建议把这个脚本文件放在样式表之后）。

添加这个脚本之后，使用 CSS3 的属性时，只需书写标准样式即可。如上面的圆角 border-radius，只需要这样写：

```
<style>
.box {
 border-radius: 6px;
}
</style>
<script src="prefixfree.min.js" type="text/javascript">
</script><!--引入 prefixfree 脚本-->
```

但是对于开发人员来说，使用这个方法也是需要调试的。一旦客户端禁用了 JavaScirpt，它的功能会失效。另外对于客户体验来说，也有一定影响。

【课堂练习 3.4-1】制作如图 3.4-2 所示效果的图像。

图 3.4-2　图像效果

HTML 代码：
```
1    <div></div>
```
CSS 代码：
```
1    div{ width:200px;
2        height:100px;
3        background: #80A060;
4        background-image: linear-gradient(transparent, rgba(10,0,0,.3));
5    /*线性渐变*/
6        border-radius: 50%;
7        box-shadow: 1em 2em 4em -2em black;   /*阴影*/
8        transform: rotate(15deg);
9    }
```
JS 代码：
```
1    <script src="prefixfree.min.js" type="text/javascript">
2    </script>
```

3. W3C 验证

在项目 1 中已经介绍过 W3C 标准，在建设网站时应该要保证代码符合 W3C 规范。

那要如何验证编写的代码符合 W3C 标准呢？

W3C 组织已经提供了该验证服务，可以为互联网用户检查 HTML 和 CSS 文件是否符合 W3C 标准，并且向网页设计师提供快速检查网页错误的方法。

W3C html 验证地址：http://validator.w3.org。

W3C CSS 验证地址：http://jigsaw.w3.org/css-validator。

【课堂练习 3.4-2】验证课堂练习 3.4-1 是否符合 W3C 标准。

① 将课堂练习 3.4-1 的代码上传到 http://validator.w3.org，如果出现以下语句，则说明你的

HTML 已经通过验证，如图 3.4-3 所示。

图 3.4-3　HTML 通过验证的提示

② 将课堂练习 3.4-1 的 CSS 代码上传到 http://jigsaw.w3.org/css-validator，如果出现以下语句，则说明 CSS 也已经通过验证。

图 3.4-4　CCS 通过验证的提示

☑ 任务实施

① 下载并引用 prefixfree 脚本，让网页兼容性更强。在样式表之后添加 prefixfree.js 文件。
`<script src="prefixfree.min.js" type="text/javascript">`
`</script><!--引入 prefixfree 脚本-->`

② 将自己所写的系部宣传网页上传到 http://jigsaw.w3.org/css-validator 和 http://validator.w3.org，验证网页是否符合 W3C 标准。

☑ 任务回顾

本任务学习了如下知识：
① 浏览器对 HTML5 及 CSS3 的兼容情况。
② CSS3 前缀。
③ W3C 验证工具。

将这些知识运用到项目中，完成了：
① 增加了能根据浏览器情况自动添加 CSS 前缀的 JS 脚本。
② 利用 W3C 验证工具对页面进行了 HTML5 和 CSS3 验证。

☑ 任务拓展

如何处理 CSS3 属性前缀？
除了前面所讲的 prefixfree 脚本之外，还有其他方法可以解决 CSS3 属性前缀问题。

1. 编辑器插件

在编辑器中安装 Autoprefixer 插件（需先安装好 Node.js），在编辑器中输入标准样式，然后同时按 Ctrl + Shift + P 组合键,选择"Autoprefix CSS",并按 Enter 键,就能得到带有前缀的代码。

2. 预处理器中的混合宏

随着 CSS 预处理器越来越普及,有些人开始采用预处理器中的混合宏来处理 CSS3 前缀的事项。比如说 Compass,里面就是使用 Sass 的 mixin 为 CSS3 需要带前缀的属性定制了一些 mixin。还有类似于 Stylus 中的 nib 等。预处理器中的混合宏确实可以解决很多问题,但也产生了新的问题,就是它所使用的语法是全新的,如果要使用就必须重新学习,另外这类工具的演进速度通常都会跟不上浏览器的发展速度,这样也会造成其产生的 CSS 有过时的问题,有时为了解决一些问题,还需要自己去写 mixins。

3. 使用 Autoprefixer

Autoprefixer 会分析 CSS 代码,并且根据 Can I Use 所提供的资料来决定要加上哪些浏览器前缀,我们只需要把它加入自己的自动化开发工具中(如 Grunt 或者 Gulp),然后就可以直接使用 W3C 的标准来写 CSS,不需要加上任何浏览器的私有前缀。

*任务 3.5 使用伸缩盒子布局响应式页面

☑ 学习目标

① 能够学习伸缩盒子(FlexibleBox)的相关知识,并能辨析其传统的响应式浮动布局的差异
② 能够使用伸缩盒子来编写栅格系统,并对其进行简单应用

☑ 任务描述

本次任务要求通过学习 CSS3 伸缩盒子的相关知识,并使用其编写栅格系统,应用其布局响应式页面。

为此,你需要学习:
① CSS3 伸缩盒子的相关知识。
② 伸缩盒子布局方法与传统响应式浮动布局方法的区别。
在此基础上,完成:
① 使用伸缩盒子来编写栅格系统。
② 将此栅格系统应用到项目 3 中并进行测试。

☑ 知识学习与课堂练习

随着各种手持移动设备终端的快速发展,智能手机、平板电脑、智能家电等新设备层出不穷,移动互联网入口份额快速增长,但移动设备终端的视口大小不一,屏幕分辨率千差万别,给网站开发人员带来不小的挑战,传统的固定宽度(如 960 像素)网页设计已经不能满足各类移动用户浏览网页的个性需要,响应式网页设计孕育而生。

伊桑·马特科(Ethan Marcotte)在其发表的文章 *Responsive Web Design* 认为,响应式网页设计就是将弹性网格布局、弹性图片、媒体和媒体查询等这些已有的开发技巧整合起来进行网页设

计，以适应不同视口设备终端的浏览需求。

Ben Frain 在其出版的 Responsive Web Design with HTML5 and CSS3 一书提供的响应式网页设计方法是：在原有固定宽度网页设计基础上，结合媒体查询，将固定宽度修改为百分比，将字体行距的大小单位修改为 em，对图片进行自适应设置。

网页布局是网页实现的框架，对整个网页视觉效果起到非常关键的作用。浮动布局(也称 DIV+CSS 布局)技术是网站布局使用范围最广的布局技术，利用浮动布局技术可以实现大部分浏览器的兼容，达到相对最优的布局效果。但从 W3C 组织在 2009 年发布第一个伸缩盒子草案至今，已更新过多次，其提供的全新的布局伸缩盒子，因其专为布局和响应式而设计，给网页布局带来了新的思路，对响应式布局更是福音。

1. 响应式伸缩盒子布局

1）伸缩盒（Flexible Box）

伸缩盒属性说明表如表 3.5-1 所示。

表 3.5-1 伸缩盒（Flexible Box）（新）属性说明表

属　　性	版本	继承性	描　　述
flex	CSS3	无	复合属性。设置或检索伸缩盒对象的子元素如何分配空间
flex-grow	CSS3	无	设置或检索伸缩盒子的扩展比率
flex-shrink	CSS3	无	设置或检索伸缩盒子的收缩比率
flex-basis	CSS3	无	设置或检索伸缩盒子伸缩基准值
flex-flow	CSS3	无	复合属性。设置或检索伸缩盒对象的子元素排列方式
flex-direction	CSS3	无	设置或检索伸缩盒对象的子元素在父容器中的位置
flex-wrap	CSS3	无	设置或检索伸缩盒对象的子元素超出父容器时是否换行
align-content	CSS3	无	设置或检索伸缩盒子堆叠伸缩行的对齐方式
align-items	CSS3	无	设置或检索伸缩盒子子元素在侧轴（纵轴）方向上的对齐方式
align-self	CSS3	无	设置或检索伸缩盒子子元素自身在侧轴（纵轴）方向上的对齐方式
justify-content	CSS3	无	设置或检索伸缩盒子子元素在主轴（横轴）方向上的对齐方式
order	CSS3	无	设置或检索伸缩盒对象的子元素出现的顺序

（1）空间分配

flex：复合属性。用于设置或检索伸缩盒子模型对象的子元素如何分配空间。包括 flex-grow、flex-shrink 和 flex-basis。

flex-grow：用数值来指定扩展比率，不允许负值。即剩余空间是正值时 flex 子元素空间相对 flex 容器里其他 flex 子元素能分配到的空间比例。在 flex 属性中该值如果被省略则默认为 1。

flex-shrink：用数值来指定收缩比率，不允许负值。即剩余空间是负值时此 flex 子元素相对于 flex 容器里其他 flex 子元素能收缩的空间比例。在收缩时收缩比率会以伸缩基准值加权，在 flex 属性中该值如果被省略则默认为 1。

flex-basis：用长度值或百分百来指定伸缩基准值（宽度），即在根据伸缩比率计算出剩余空间的分布之前，flex 子元素宽度的起始数值。在 flex 属性中该值如果被省略则默认为 0%，在 flex 属性中该值如果被指定为 auto，则伸缩基准值的计算值是自身的 width 设置，如果自身的宽度没有定义或指定为 content，则宽度取决于内容。

（2）排列方式

flex-flow：复合属性。设置或检索伸缩盒子模型对象的子元素排列方式。包括 flex-direction 和 flex-wrap。

flex-direction：定义伸缩盒子子元素的排列方向，其决定 felx 子元素在 flex 容器中的位置。取值为 row 时主轴与行内轴方向作为默认的书写模式，即横向从左到右排列（左对齐）；取值 row-reverse 时对齐方式与 row 相反；取值 column 时主轴与块轴方向作为默认的书写模式，即纵向从上往下排列（顶对齐）；取值 column-reverse 时对齐方式与 column 相反。

flex-wrap：控制 flex 容器是单行或者多行，同时横轴的方向决定了新行堆叠的方向。取值 nowrap 时 flex 容器为单行，该情况下 flex 子元素可能会溢出容器；取值 wrap 时 flex 容器为多行，该情况下 flex 子元素溢出的部分会被放置到新行，子元素内部会发生断行；取值 wrap-reverse 时反转 wrap 排列。

（3）对齐方式

① align-content：设置或检索弹性盒堆叠伸缩行的对齐方式。当伸缩容器的侧轴还有多余空间时，本属性可以用来调整"伸缩行"在伸缩容器中的对齐方式，这与调整伸缩项目在主轴上对齐方式的<' justify-content '>属性类似。请注意本属性在只有一行的伸缩容器上没有效果。

align-content 的取值解析如下：

flex-start：各行向弹性盒容器的起始位置堆叠。弹性盒容器中第一行的侧轴起始边界紧靠住该弹性盒容器的侧轴起始边界，之后的每一行都紧靠住前面一行。

flex-end：各行向弹性盒容器的结束位置堆叠。弹性盒容器中最后一行的侧轴起结束界紧靠住该弹性盒容器的侧轴结束边界，之后的每一行都紧靠住前面一行。

center：各行向弹性盒容器的中间位置堆叠。各行两两紧靠住同时在弹性盒容器中居中对齐，保持弹性盒容器的侧轴起始内容边界和第一行之间的距离与该容器的侧轴结束内容边界与最后一行之间的距离相等（如果剩下的空间是负数，则各行会向两个方向溢出的相等距离。）。

space-between：各行在弹性盒容器中平均分布。如果剩余的空间是负数或弹性盒容器中只有一行，该值等效于'flex-start'。在其他情况下，第一行的侧轴起始边界紧靠住弹性盒容器的侧轴起始内容边界，最后一行的侧轴结束边界紧靠住弹性盒容器的侧轴结束内容边界，剩余的行则按一定方式在弹性盒窗口中排列，以保持两两之间的空间相等。

space-around：各行在弹性盒容器中平均分布，两端保留子元素与子元素之间间距大小的一半。如果剩余的空间是负数或弹性盒容器中只有一行，该值等效于'center'。在其他情况下，各行会按一定方式在弹性盒容器中排列，以保持两两之间的空间相等，同时第一行前面及最后一行后面的空间是其他空间的一半。

stretch：各行将会伸展以占用剩余的空间。如果剩余的空间是负数，该值等效于'flex-start'。在其他情况下，剩余空间被所有行平分，以扩大它们的侧轴尺寸。

② align-items：设置或检索弹性盒子元素在侧轴（纵轴）方向上的对齐方式。

取值说明：

flex-start：弹性盒子元素的侧轴（纵轴）起始位置的边界紧靠住该行的侧轴起始边界。

flex-end：弹性盒子元素的侧轴（纵轴）起始位置的边界紧靠住该行的侧轴结束边界。

center：弹性盒子元素在该行的侧轴（纵轴）上居中放置（如果该行的尺寸小于弹性盒子元

素的尺寸，则会向两个方向溢出相同的长度）。

baseline：如弹性盒子元素的行内轴与侧轴为同一条，则该值与'flex-start'等效。其他情况下，该值将参与基线对齐。

stretch：如果指定侧轴大小的属性值为'auto'，则其值会使项目的边距盒的尺寸尽可能接近所在行的尺寸，但同时会遵照'min/max-width/height'属性的限制。

③ align-self：设置或检索弹性盒子元素自身在侧轴（纵轴）方向上的对齐方式。

取值说明：

auto：如果'align-self'的值为'auto'，则其计算值为元素的父元素的'align-items'值，如果其没有父元素，则计算值为'stretch'。

flex-start：弹性盒子元素的侧轴（纵轴）起始位置的边界紧靠住该行的侧轴起始边界。

flex-end：弹性盒子元素的侧轴（纵轴）起始位置的边界紧靠住该行的侧轴结束边界。

center：弹性盒子元素在该行的侧轴（纵轴）上居中放置（如果该行的尺寸小于弹性盒子元素的尺寸，则会向两个方向溢出相同的长度）。

baseline：如弹性盒子元素的行内轴与侧轴为同一条，则该值与'flex-start'等效。其他情况下，该值将参与基线对齐。

stretch：如果指定侧轴大小的属性值为'auto'，则其值会使项目的边距盒的尺寸尽可能接近所在行的尺寸，但同时会遵照'min/max-width/height'属性的限制。

④ justify-content：设置或检索弹性盒子元素在主轴（横轴）方向上的对齐方式。

取值说明：

flex-start：弹性盒子元素将向行起始位置对齐。该行的第一个子元素的主起始位置的边界将与该行的主起始位置的边界对齐，同时所有后续的伸缩盒项目与其前一个项目对齐。

flex-end：弹性盒子元素将向行结束位置对齐。该行的第一个子元素的主结束位置的边界将与该行的主结束位置的边界对齐，同时所有后续的伸缩盒项目与其前一个项目对齐。

center：弹性盒子元素将向行中间位置对齐。该行的子元素将相互对齐并在行中居中对齐，同时第一个元素与行的主起始位置的边距等同与最后一个元素与行的主结束位置的边距（如果剩余空间是负数，则保持两端相等长度的溢出）。

space-between：弹性盒子元素会平均地分布在行里。如果最左边的剩余空间是负数，或该行只有一个子元素，则该值等效于'flex-start'。在其他情况下，第一个元素的边界与行的主起始位置的边界对齐，同时最后一个元素的边界与行的主结束位置的边距对齐，而剩余的伸缩盒项目则平均分布，并确保两两之间的空白空间相等。

space-around：弹性盒子元素会平均地分布在行里，两端保留子元素与子元素之间间距大小的一半。如果最左边的剩余空间是负数，或该行只有一个伸缩盒项目，则该值等效于'center'。在其他情况下，伸缩盒项目则平均分布，并确保两两之间的空白空间相等，同时第一个元素前的空间以及最后一个元素后的空间为其他空白空间的一半。

（4）顺序

order：设置或检索伸缩盒对象的子元素出现的顺序。用整数值来定义排列顺序，数值小的排在前面。可以为负值。

伸缩盒浏览器兼容情况表如表3.5-2所示。

表 5.5-2　伸缩盒浏览器兼容情况表

Values	IE	Firefox	Chrome	Safari	Opera	iOS Safari	Android Browser	Android Chrome
Basic Support	11.0+	22.0+（flex-flow 为 28+）	21.0+ -webkit-	6.1+ -webkit-	15.0+ -webkit-	7.0+ -webkit-	4.4+	20.0+ -webkit-
			29.0+	9.0+	17.0+	9.0+		28.0+

注：表中没有列出的浏览器低版本表示不支持。

2）伸缩盒子模型分析

伸缩盒子布局模型相关的概念如图 3.5-1 所示。

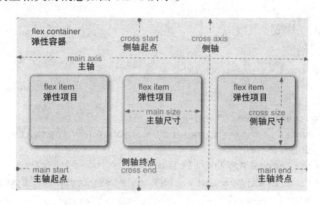

图 3.5-1　伸缩盒子布局模型相关的概念

伸缩盒子布局的容器（flex container）指的是采用了伸缩盒子布局的 DOM 元素，而伸缩盒子布局的条目（flex item）指的是容器中包含的子 DOM 元素。图中最外围的边框表示的是容器，而 3 个弹性项目中的边框表示的是容器中的条目。

从图中可以看到，伸缩盒子布局中有两个互相垂直的坐标轴：一个称之为主轴（main axis），另外一个称之为交叉轴（cross axis）。主轴并不固定为水平方向的 X 轴，交叉轴也不固定为垂直方向的 Y 轴。在使用时，通过 CSS 属性声明首先定义主轴的方向（水平或垂直），则交叉轴的方向也相应确定下来。容器中的条目可以排列成单行或多行。主轴确定了容器中每一行上条目的排列方向，而交叉轴则确定行本身的排列方向。可以根据不同的页面设计要求来确定合适的主轴方向。有些容器中的条目要求从左到右水平排列，则主轴应该是水平方向的；而另外一些容器中的条目要求从上到下垂直排列，则主轴应该是垂直方向的。

确定主轴和交叉轴的方向之后，还需要确定它们各自的排列方向。对于水平方向上的轴，可以从左到右或从右到左来排列；对于垂直方向上的轴，则可以从上到下或从下到上来排列。对于主轴来说，排列条目的起始和结束位置分别称为主轴起始（main start）和主轴结束（main end）；对于交叉轴来说，排列行的起始和结束位置分别称为交叉轴起始（cross start）和交叉轴结束（cross end）。在容器进行布局时，在每一行中会把其中的条目从主轴起始位置开始，依次排列到主轴结束位置；而当容器中存在多行时，会把每一行从交叉轴起始位置开始，依次排列到交叉轴结束位置。

伸缩盒子布局中的条目有两个尺寸：主轴尺寸和交叉轴尺寸，分别对应其 DOM 元素在主轴和交叉轴上的大小。如果主轴是水平方向，则主轴尺寸和交叉轴尺寸分别对应于 DOM 元素的宽度和高度；如果主轴是垂直方向，则两个尺寸要反过来。与主轴和交叉轴尺寸对应的是主轴尺寸属性和交叉轴尺寸属性,指的是 CSS 中的属性 width 或 height。比如,当主轴是水平方向时,主轴尺寸属性是 width,而 width 的值是主轴尺寸的大小。

伸缩盒子布局模型中的 CSS 样式声明分别适用于容器或条目。在下面的内容中会详细的介绍相关的 CSS 属性。首先介绍如何使用伸缩盒子布局模型进行基本的页面布局。在本文的所有代码示例中,容器的 CSS 类名统一为 flex-container,而条目的 CSS 类名则为 flex-item。

2. 响应式浮动布局和响应式伸缩盒子布局的实现技术

响应式浮动布局和响应式伸缩盒子布局都使用同样的前端结构代码,而使用不同的 CSS 样式表来实现。

1)响应式浮动布局实现
(1) HTML 页面代码

```
1   <!doctype html>
2   <html>
3      <head>
4          <meta charset="utf-8">
5          <meta name="viewport" content="initial-scale=2.0,width=
6   device-width" />
7          <title>响应式布局</title>
8          <link href="css/sty.css" rel="stylesheet" type="text/css">
9      </head>
10     <body>
11         <div class="header">
12             <p>标题及导航栏</p>
13             <p>标题及导航栏</p>
14         </div>
15         <div class="container">
16             <div class="asideleft">
17                 <p>网页左侧栏</p>
18                 <p>网页左侧栏</p>
19             </div>
20             <div class="section">
21                 <p>正文内容</p>
22                 <p>正文内容</p>
23             </div>
24             <div class="asideright">
25                 <p>网页右侧栏</p>
26                 <p>网页右侧栏</p>
27                 <p>网页右侧栏</p>
28             </div>
29         </div>
30         <div class="footer">
31             <p>版权</p>
32             <p>版权</p>
33         </div>
34     </body>
35  </html>
```

(2)浮动布局 CSS 页面代码

```
1   body {
```

```css
2        width: 96%;
3        margin: 0 auto;
4        color: #FFF;
5    }
6    * {
7        box-sizing: border-box;
8    }/*设置标准模式下的CSS盒子模型,避免加入边框和内边距的影响布局*/
9    p {
10       margin: 0;
11       padding: 0;
12   }
13   img {
14       max-width: 100%;
15       width: 100%;
16   }/*图片自适应。*/
17   div {
18       clear: both;
19   }/*避免浮动后产生的错位问题*/
20   .header,
21   .footer {
22       background-color: #333;
23   }
24   .container {
25       overflow: auto;
26   }/*解决内元素浮动后div底部不能闭合问题*/
27   .asideleft,
28   .asideright {
29       width: 25%;
30       clear: none;
31       float: left;
32       background-color: #999;
33   }
34   .asideright {
35       background-color: #CCC;
36   }
37   .section {
38       width: 50%;
39       clear: none;
40       float: left;
41       background-color: #666;
42   }
43   /*考虑到大屏视口下如果无限放大页面宽度所导致的不紧凑问题,这里设置网页的最大宽度为
44   1340像素,也可以根据具体情况设置为其他宽度*/
45   @media screen and (min-width:1366px) {
46       body {
47           width: 1340px;
48       }
49   }
50   /*平板及小视口计算机*/
51   @media screen and (min-width:720px) and (max-width:960px) {
52       .asideleft {
```

```
53            width: 33%;
54        }
55        .section {
56            width: 67%;
57        }
58        .asideright {
59            float: none;
60            width: 100%;
61        }/*网页右侧栏换行下移*/
62    }
63    /*手机或mini平板*/
64    @media screen and (max-width:720px) {
65        .asideleft,
66        .asideright,
67        .section {
68            float: none;
69            width: 100%;
70        }/*网页左右侧栏、正文垂直排列,有时会选择隐藏左右侧栏,对页面菜单进行重构*/
71    }
72
73
74
```

2）伸缩盒子布局实现

伸缩盒子布局其实主要是对浮动布局中的子元素百分百宽度、浮动排列、清除浮动对象等进行修订。

【课堂练习3.5-1】修改浮动布局页面为伸缩盒子布局页面。

根据前面响应式浮动布局给出的代码,对其进行伸缩盒子布局改造。

对sty.css代码修改如下（只列出有修改的代码）：

```
1    .container {
2        display: flex;
3    }/*将div定义为伸缩盒子*/
4    .asideleft,.asideright {
5        flex-grow: 1;/*获得伸缩盒子剩余空间4份中的1份*/
6        flex-basis: 25%;/*伸缩盒子基准宽度*/
7        background-color: #999;
8    }
9    .section {
10       flex-grow: 2;
11       /*获得伸缩盒子剩余空间4份中的2份*/
12       flex-basis: 50%;
13       /*伸缩盒子基准宽度*/
14       background-color: #666;
15   }
16   /*平板及小视口计算机*/
17   @media screen and (min-width:720px) and (max-width:960px) {
18       .container {
19           flex-wrap: wrap;
20       }
21       /*设置超出盒子空间的元素会进行换行*/
22       .asideright {
```

```
23          flex-basis: 100%;
24      }
25      /*网页右侧栏基准宽度为100%,超出盒子宽度,导致换行*/
26  }
27  /*手机或mini平板*/
28  @media screen and (max-width:720px) {
29      .section,
30      .asideleft,
31      .asideright {
32          flex: 1;
33      }
34      /*获得伸缩盒子相同的宽度空间,可省略*/
35      .section {
36          order: -1;
37      }
38      /*对盒子进行排序,网页正文优先显示在前面,这是盒子优于浮动布局的地方*/
39      .container {
40          flex-direction: column;
41      }
42      /*盒子纵向排列*/
43  }
44  }
```

3）两种布局在浏览器显示的效果比较

（1）计算机端的显示效果比较

如图 3.5-2 和图 3.5-3 所示,浮动布局不能达到自适应高度（等高）效果,页面有留白；盒子布局能达到自适应高度（等高）效果。

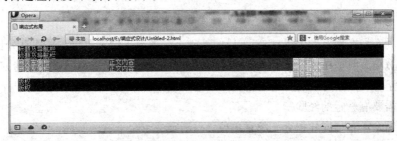

图 3.5-2　浮动布局

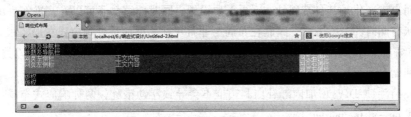

图 3.5-3　盒子布局

（2）平板端显示效果比较

如图 3.5-4 和图 3.5-5 所示,浮动布局显示效果,网页右侧栏换行下移,盒子布局与浮动布局显示效果一致。

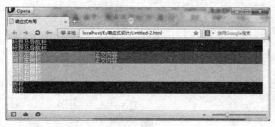

　　图 3.5-4　浮动布局　　　　　　　　　　　　图 3.5-5　盒子布局

（3）手机和 mini 平板端显示效果比较

如图 3.5-6 和图 3.5-7 所示，浮动布局不能随意调整内容显示顺序，盒子布局可以随意调整内容显示顺序，正文内容在网页左侧栏前面。

　　图 3.5-6　浮动布局　　　　　　　　　　　　图 3.5-7　盒子布局

3. 两种响应式布局的优劣比较

（1）技术实现比较

响应式浮动布局在原有的 DIV+CSS 布局的基础上，摒弃了像素单位，采用百分比和 em，达到自适应视口宽度，但是在百分比计算上比较麻烦。由于浮动布局采用元素浮动的方式使块级元素横向显示，浮动后导致的不能自适应高度等问题给设计者带来不小的麻烦，对于浮动后产生的各种问题解决需要有一定的经验。

响应式伸缩盒子布局同样摒弃了像素单位，重新定义了盒子这一属性，伸缩盒子根目录的块级元素默认状态是自动横向显示，也可以设置为纵向显示，解决了浮动过程中存在的各种问题。随视口变化而自动变化是其自带属性，不再需要设置，同时伸缩盒子可以在基准宽度的基础上设置多余和默认空间时的分配方法，因此在布局上非常灵活，更加符合响应式布局需求。在内容显示顺序上，伸缩盒子可以在页面结构不变的情况下进行显示顺序的调整，以适应移动终端的需求，前面响应式伸缩盒子布局的样式中，移动端对网页正文进行了前置显示。

为保证在给浮动 DIV 增加内外补白和边框不会导致浮动错乱，两种响应式布局都需要增加 CSS 盒子属性 box-sizing:border-box。

如果不考虑实现者技术基础的原则下，响应式伸缩盒子布局比响应式浮动布局更加容易，实现起来更加简单方便灵活。

（2）浏览器兼容性比较

响应式浮动布局能够兼容 IE9 及以上 IE 浏览器版本，以及其他支持媒体查询的新式浏览器，不支持媒体查询的计算机端浏览器也能够正常显示页面，兼容性比较好。

项目3　对网页广告单页进行响应式改造

伸缩盒子的兼容性相对比较差，IE11、FireFox20、Chrome29、Opera12.1这些浏览器及以上版本都支持新的伸缩盒子，低于这些版本的浏览器有些需要添加私有前缀，有些则会导致显示错乱。

（3）展望未来技术发展

随着移动智能设备和智能家电的普及，以及计算机端浏览器更新迭代的速度越来越快（IE一年一更新，FireFox、Chrome、Opera平均4个月到半年更新一次），并且现在的新版本浏览器都是默认在链接因特网时为自动为用户更新到最新版本，可以预见在未来的3到5年后，伸缩盒子布局将会成网页布局技术的主流，会取代现有的浮动布局技术，伸缩盒子自有的响应式属性也会成为响应式布局的主流。

4. 总结

响应式浮动布局和响应式伸缩盒子布局从技术实现上来说都不难，两种布局技术都要采用百分比作为宽度或基础宽度，响应式浮动布局是现在响应式布局技术的主流，兼容性比较好，但是在CSS3中专门为网页布局和响应式网页布局而设计的伸缩盒子，在网页布局和响应式网页布局上显得更加合适，随着用户浏览器的不断更新换代，伸缩盒子将会成为未来网页布局和响应式网页布局的技术主流。

☑ 任务实施

在任务3.2中，我们设置了栅格系统样式，通过使用百分比%为单位设置宽度，CSS的设置如下（部分）：

```
1    [class*="grid_"]{/*为.gridn_统一添加样式*/
2        box-sizing: border-box;/*怪异盒子模型*/
3        padding: 0 5px 10px 5px;/*间距为5+5=10*/
4        float: left;
5    }
6    .grid_s1{ width: 8.33333%; }
7    .grid_s2{ width: 16.66667%; }
8    .grid_s3{ width: 25%; }
9    .grid_s4{ width: 33.33333%; }
10   .grid_s5{ width: 41.66667%; }
11   .grid_s6{ width: 50%; }
12   .grid_s7{ width: 58.33333%; }
13   .grid_s8{ width: 66.66667%; }
14   .grid_s9{ width: 75%; }
15   .grid_s10{ width: 83.33333333%; }
16   .grid_s11{ width: 91.66667%; }
17   .grid_s12{ width: 100%;}
```

8.33333%、16.66667%、……这些计算后的百分百是否有点复杂了，如果采用伸缩盒子布局，可以对上面的栅格系统做如下修改：

（1）修改手机端栅格系统基础样式

基于移动优先的原则，我们以手机端视口作为基础样式。

弹性盒子模型可以扩展比例、收缩比例和伸缩基准值。为了避免计算，可以默认基准值，这样栅格就会显得非常简单。

如设置栅格中的1/12列，原来要写"width:8.33333%"，现在利用伸缩盒子，只需要写"flex:1 1"就可以了。如果我们用grid-x*代表手机端前缀，grid 来定义盒子模型，则可以写出手机端的栅格系统样式：

```
1    .grid {
2        display: flex;
3        flex-flow: column wrap;
4    }
5    [class*="grid_"] {
6        position: relative;
7        box-sizing: border-box;
8        min-height: 1px;
9        padding:0 15px;
10   }
11   .grid_x1 {flex: 1 1;}
12   .grid_x2 {flex: 2 2;}
13   .grid_x3 {flex: 3 3;}
14   .grid_x4 {flex: 4 4;}
15   .grid_x5 {flex: 5 5;}
16   .grid_x6 {flex: 6 6;}
17   .grid_x7 {flex: 7 7;}
18   .grid_x8 {flex: 8 8;}
19   .grid_x9 {flex: 9 9;}
20   .grid_x10 {flex: 10 10;}
21   .grid_x11 {flex: 11 11;}
22   .grid_x12 {flex: 12 12;}
```

（2）其他视口下的栅格系统样式

如果我们用 grid-s*代表平板端前缀，只需要对 grid 定义盒子模型子元素的排列方式由纵向修改为横向，其他空间分配不变，则可以写出平板端的栅格系统样式：

```
1    @media screen and (min-width:768px) and (max-width:992px) {
2        .grid {
3            flex-flow: row wrap;
4        }
5        .grid_s1 {flex: 1 1;}
6        .grid_s2 {flex: 2 2;}
7        .grid_s3 {flex: 3 3;}
8        .grid_s4 {flex: 4 4;}
9        .grid_s5 {flex: 5 5;}
10       .grid_s6 {flex: 6 6;}
11       .grid_s7 {flex: 7 7;}
12       .grid_s8 {flex: 8 8;}
13       .grid_s9 {flex: 9 9;}
14       .grid_s10 {flex: 10 10;}
15       .grid_s11 {flex: 11 11;}
16       .grid_s12 {flex: 12 12;}}
```

如此类推，即可写出其他视口下的栅格系统样式。

（3）编写测试代码

在栅格系统样式完成后，我们需要编写测试代码来对栅格系统的显示效果进行测试。

为了较好地看出各子元素占比，建议对所有元素设置边框。

HTML 的部分参考代码如下：

```
1    <header class="header">头部</header>
2    <article class="grid">
```

项目3　对网页广告单页进行响应式改造

```
3       <section class="grid_x1 grid_s4 grid_m3 grid_12">手机端独占一行，平
4    板端占1/3，计算机端占1/4，宽屏端占1/6.</section>
5       <section class="grid_x1 grid_s4 grid_m6 grid_18">手机端独占一行，平
6    板端占1/3，计算机端占1/2，宽屏端占4/6.</section>
7       <section class="grid_x1 grid_s4 grid_m3 grid_12">手机端独占一行，平
8    板端占1/3，计算机端占1/4，宽屏端占1/6.</section>
9     </article>
10    <footer class="footer">版权</footer>
```

☑ 任务回顾

本任务学习了：

① CSS3 伸缩盒子的相关知识。

② 对比了伸缩盒子布局方法与传统响应式浮动布局方法及区别。

在任务实施中，使用了伸缩盒子来编写栅格系统，将此栅格系统应用到项目3中并进行测试。

☑ 任务拓展

前面所学的伸缩盒子是新的伸缩盒子，在新伸缩盒子标准出来之前还有另外一个标准的伸缩盒子，我们称为旧伸缩盒子，新伸缩盒子是根据最新的 W3C 文档对 Flexible Box Layout 属性重新修改而来的（见表3.5-4）。

感兴趣的读是可以自行前往 http://www.w3.org/TR/css3-flexbox/ 了解其版本发展的相关文档。

表3.5-4　表3.5-1 伸缩盒（Flexible Box）（旧）属性说明表

属性	版本	继承性	描述
box-orient	CSS3	无	设置或检索伸缩盒对象的子元素的排列方式
box-pack	CSS3	无	设置或检索伸缩盒对象的子元素的对齐方式
box-align	CSS3	无	设置或检索伸缩盒对象的子元素的对齐方式
box-flex	CSS3	无	设置或检索伸缩盒对象的子元素如何分配其剩余空间
box-flex-group	CSS3	无	设置或检索伸缩盒对象的子元素的所属组
box-ordinal-group	CSS3	无	设置或检索伸缩盒对象的子元素的显示顺序
box-direction	CSS3	无	设置或检索伸缩盒对象的子元素的排列顺序是否反转
box-lines	CSS3	无	设置或检索伸缩盒对象的子元素是否可以换行显示

项目 4 使用 Bootstrap 开源框架快速搭建响应式网页

☑ 项目简介

项目还是以"制作一个网页广告单页"工作项目作为承载，要求利用 Bootstrap 开源框架来完成项目，从而完成 Bootstrap 开源框架的学习。

通过项目 1~项目 3 的学习，相信你已经完成了华南工业大学信息工程系招生就业办公室希望的移动优先且支持不同设备视口的招生宣传单页。

假设一开始项目主管希望担任前端工程师的你使用 Bootstrap 开源框架技术来完成本次项目的前端工作，你将不会因为产品变更而有项目 3 的麻烦，因为 Bootstrap 就是移动优先的响应式设计框架。

现在，该是你使用 Bootstrap 来完成甲方（华南工业大学信息工程系招生就业办公室）项目时候了。

本项目的编写以 Bootstrap V3.3.5 版本为例进行，其不支持 IE8 以下浏览器，即在 IE7 及以下版本的浏览器中显示会有偏差。

☑ 项目分析

我们退回到起点。

拿到设计稿后，需要根据网页制作的一般流程，完成网页的制作。

网页制作的一般流程如下：

项目开发的基本流程都是一致的。

在本项目中，唯一不同的是使用了 Bootstrap 作为网页开发的技术，以达到快速开发的目的。

与前面的开发不一样的是，HTML 标签（网页内容）和 CSS 样式设置是同步进行的。其实在实际的开发中，两种开发流程互有优劣，可以选择需要的方式进行。

为避免知识的重复讲解，分析需求和选用并配置开发环境在本项目中默认已经完成。

我们将直接从了解并使用 Bootstrap 开始，逐步完成网页单页的制作。

项目 4　使用 Bootstrap 开源框架快速搭建响应式网页

☑ 能力目标

① 能够配置 Bootstrap 开发环境，编写 Bootstrap 模板页面。
② 能够根据页面结构，合理使用 Bootstrap 栅格系统进行页面布局。
③ 能够根据页面内容，合理利用 Bootstrap 全局样式和组件进行页面制作。
④ 能够根据页面交互情况，合理选择 Bootstrap 的 JavaScript 插件为页面添加交互。

任务 4.1　配置 Bootstrap 开发环境

☑ 学习目标

① 能够在学习 Bootstrap 帮助文档的基础上，下载 Bootstrap 文件并配置 Bootstrap 开发环境。
② 能够编写基本的 Bootstrap 模板页面，为实际开发做准备。

☑ 任务描述

本次任务要求通过了解 Bootstrap，学习 Bootstrap 的文档和模板知识，下载并配置用于生产环境的 Bootstrap，并编写 Bootstrap 模板，为后续的开发做准备。

为此，需要学习：
① 了解 Bootstrap 的由来和作用。
② 学习 Bootstrap 的文档结构和模板知识。

在此基础上，完成：
① 下载并配置好用于生产环境的 Bootstrap 文件。
② 编写 Bootstrap 模板并进行测试。

☑ 知识学习与课堂练习

Bootstrap 是由 Twitter 工程师推出的前端开发框架，是一款强大的开源前端开发工具包，具有强大的自定义功能，Bootstrap 一经推出大受欢迎，国内也有不少网站开始使用 Bootstrap 开发。Bootstrap 全部托管于 Github（一个代码托管平台和开发者社区，开发者可以在 Github 上创建自己的开源项目并与其他开发者协作编码。创业公司可以用它来托管软件项目。开源项目可以免费托管，私有项目需付费），用户可以直接访问 Github 项目。Bootstrap 在 Github 上的托管地地址是 https://github.com/twbs/bootstrap。

1. 认识 Bootstrap

Bootstrap 是为所有开发者、所有应用场景而设计的。Bootstrap 让前端开发更快速、简单。所有开发者都能快速上手、所有设备都可以适配、所有项目都适用。

Bootstrap 包括如下特点：
（1）预处理脚本

虽然可以直接使用 Bootstrap 提供的 CSS 样式表，但是 Bootstrap 的源码是基于最流行的 CSS 预处理脚本 Less（Less 是一门预处理语言，支持变量、mixin、函数等额外功能，本书不涉及此知识）和 Sass 开发的。可以采用预编译的 CSS 文件快速开发，也可以从源码定制自己需要的样式。

（2）一个框架、多种设备

通过 Bootstrap 已经写好的 CSS 媒体查询（Media Query）样式，所有的网站和应用都能在 Bootstrap 的帮助下通过同一份代码快速、有效适配手机、平板、PC 设备。

（3）特性齐全

Bootstrap 提供了全面、美观的文档，用户能找到关于 HTML 元素、HTML 和 CSS 组件、jQuery 插件方面的所有详细英文文档（网址 http://getbootstrap.com）。

由于语言的关系，可以查阅 Bootstrap 中文网（非官网）的 V3 版本帮助文档（http://v3.bootcss.com）来详细了解，在后继的学习中会基于这个版本来开展。

2. Bootstrap 文件

Bootstrap 提供以下几种方式帮助我们快速上手，每一种方式针对具有不同技能等级的开发者和不同的使用场景。

1）用于生产环境的 Bootstrap

用于生产环境的 Bootstrap 是编译好并压缩后的 CSS、JavaScript 和字体文件，不包含文档和源码文件。

下载 Bootstrap 文件压缩包之后，将其解压缩后查看 bootstrap 文件夹，即可看到以下目录结构：

```
bootstrap/
├── css/
│   ├── bootstrap.css
│   ├── bootstrap.css.map
│   ├── bootstrap.min.css
│   ├── bootstrap-theme.css
│   ├── bootstrap-theme.css.map
│   └── bootstrap-theme.min.css
├── js/
│   ├── bootstrap.js
│   └── bootstrap.min.js
└── fonts/
    ├── glyphicons-halflings-regular.eot
    ├── glyphicons-halflings-regular.svg
    ├── glyphicons-halflings-regular.ttf
    ├── glyphicons-halflings-regular.woff
    └── glyphicons-halflings-regular.woff2
```

上面展示的是 Bootstrap 用于生产环境的基本文件结构,预编译文件可以直接使用到任何 Web 项目中。

生产环境的 Bootstrap 提供了：

① 编译好的 CSS 和 JS（bootstrap.*）文件。

② 经过压缩的 CSS 和 JS（bootstrap.min.*）文件。

③ CSS 源码映射表（bootstrap.*.map），可以在某些浏览器的开发工具中使用。

④ 包含了来自 Glyphicons 的图标字体。

2）Bootstrap 源码和 Sass 项目

Bootstrap 源码包括 Less、JavaScript 和字体文件的源码，并且带有文档。使用时需要 Less 编译器并做一些设置工作。

Sass 项目是 Bootstrap 从 Less 到 Sass 的源码移植项目，用于快速地在 Rails、Compass 或只针对 Sass 的项目中引入。

上述内容超出了本项目的内容范围，故在此不做详细叙述。

【课堂练习 4.1-1】下载用于生产环境的 Bootstrap。

（1）分析

要下载 Bootstrap 文档，最可靠的莫过于在 GitHub 上下载 https://github.com/twbs/ bootstrap（可下载任意版本）或者 https://github.com/twbs/bootstrap（提供了直观的 Web 文档）。

考虑到语言的关系，也可以在非官方授权的 Bootstrap 中文网（http://v3.bootcss.com）下载。

（2）参考步骤

① 打开 Bootstrap 中文网（网址 http://www.bootcss.com/，也可直接进入 Bootstrap3 中文文档（v3），网址 http://v3.bootcss.com/），单击"Bootstrap3 中文文档（v3.3.5）"（注：版本会持续更新）按钮，进入 Bootstrap3 中文文档（v3.3.5）页面，单击"下载 Bootstrap"按钮，跳转到下载页面（见图 4.1-1）。

图 4.1-1　Bootstrap 下载页面

② 单击"用于生产环境的 Bootstrap"下方的"下载 Bootstrap"按钮，在弹出的对话框中（见图 4.1-2），选择"保存文件"单选按钮，并通过"浏览"按钮选择保存路径，单击"确定"按钮，完成 Bootstrap 文件的下载。

图 4.1-2　打开文件的对话框

③ 将下载的"bootstrap-3.3.5-dist.zip"文件解压，在解压的"dist"文件夹下有 css、js、fonts 文件夹，在文件夹中即可看到上文提到的目录结构中的文件。

3. Bootstrap 模板

Bootstrap 模板是指使用 Bootstrap 框架的通用页面，有基础的 html 代码，并在此基础上关联好了 Bootstrap 的 CSS、JavaScript 文件。

☑ 任务实施

本次的任务主要是完成开发工作环境的部署，由于项目 1 中已经学习了开发环境的开发工具部署，所以这里就只考虑如何部署 Bootstrap。

1. 下载 Bootstrap 文件

在课堂练习 4.1-1 中你已经下载好了，这里就不在叙述。

2. 创建首页，并引用 Bootstrap 文件

① 在你的盘符（如 D 盘）新建文件夹，命名为"web_bootstrap"，将下载并解压好的"dist"文件夹下的 3 个文件夹（包括 css、fonts、js 中的所有文件）复制到此。

② 用 Visual Studio Code 软件打开上面创建的文件夹，并在文件夹根目录新建一个网页，命名为"index.html"。

③ 在页面中输入如下代码，完成一个基本的 HTML5 页的编写。

```
1   <!DOCTYPE html>
2   <html lang="zh-CN">
3   <head>
4       <meta charset="utf-8">
5       <meta name="viewport" content="width=device-width, initial- scale=
6   1">
7       <title>本科生招生宣传_信息工程系.华南工业大学</title>
8   </head>
9   <body>
10  </body>
11  </html>
```

④ 在页面中添加 IE 兼容性设置。

a. 在<head>部分加入<meta>标签：

```
1   <meta http-equiv="X-UA-Compatible" content="IE=edge">
2       <!-- 设置 IE（主要针对 IE8）使用最新的内核进行渲染而非使用兼容模式 -->
```

b. 下载 html5shiv.min.js 和 respond.min.js 文件，存放到 js 文件夹，并在<head>部分加入这两个文件：

```
1   <!--[if lt IE 9]>
2   <script src="js/html5shiv.min.js"></script>
3   <script src="js/respond.min.js"></script>
4       <![endif]-->
5       <!-- HTML5 shim.js 和 Respond.js 文件用于解决 IE9 及以下浏览器对 HTML5 标
6   签和媒体查询的支持，此语句是 IE 专用的语法，其他浏览器会把其作为注释进行忽略 -->
```

这两个文件也可以从网络上直接引用，Bootstrap 中文网 CDN 服务提供了文件地址供我们选用，使我们比较容易地获取到最新的文件更新，同时以减少服务器的压力，也可以用这个地址来

项目 4 使用 Bootstrap 开源框架快速搭建响应式网页

下载这两个文件。网络引用的代码如下:

```
1  <script src="http://cdn.bootcss.com/html5shiv/3.7.2/html5shiv. min.
2  js"></script>
3      <script src="http://cdn.bootcss.com/respond.js/1.4.2/respond. min.
4  js"></script>
```

⑤ 在页面中引入 Bootstrap 的 CSS 文件和 JS 文件。

a. 在<head>部分加入 Bootstrap 的 css 文件：

```
1  <link href="css/bootstrap.min.css" rel="stylesheet">
```

b. 下载 jquery.js 文件，并放入 js 文件夹，在<body>底部加入 jQuery 和 Bootstrap 的 JS 文件：

```
1  <script src="js/jquery.min.js"></script>
2  <script src="js/bootstrap.min.js"></script>
```

需要注意的是，由于 bootstrap.js 文件依赖于 jquery.js 文件，所有以上的引入顺序不能改变。

由于 jQuery 文件也是公共的常用文件，所以也可以使用 Bootstrap 中文网 CDN 服务的文件地址进行引入（引用地址也可作为本地引用的文件下载地址）：

```
1  <script src=" http://cdn.bootcss.com/jquery/1.11.1/jquery.min. js">
2  </script>
```

⑥ 至此，Bootstrap 的首页创建完成。这个首页可以用于后继的开发，也通用于所有使用 Bootstrap 框架进行开发的任何页面，所以，这个文件不仅仅是首页，也是一个 Bootstrap 的模板页面。

☑ 任务回顾

本任务学习了 Bootstrap 的如下知识：

① Bootstrap 的由来和作用。

② 学习 Bootstrap 的文档结构和模板知识。

在此基础上，完成了：

① 下载并配置好用于生产环境的 Bootstrap 文件。

② 编写 Bootstrap 模板并进行测试。

任务完成后目录结构如下[删除了本次项目中不需要用到的文件和重复的版本（只留下了 min 版本）]：

```
bootstrap/
├── css/
│   ├── bootstrap.min.css
├── js/
│   ├── bootstrap.min.js
│   ├── html5shiv.min.js
│   ├── respond.min.js
│   ├── jquery.min.js
└── fonts/
    │   ├── glyphicons-halflings-regular.eot
    │   ├── glyphicons-halflings-regular.svg
    │   ├── glyphicons-halflings-regular.ttf
    │   ├── glyphicons-halflings-regular.woff
    │   └── glyphicons-halflings-regular.woff2
    └── index.html
```

也可以在"http://v3.bootcss.com/getting-started/"中找到这个模板页面的代码。

☑ 任务拓展

1. Bootstrap 与 Less

Bootstrap 源码包含了预先编译的 CSS、JavaScript 和图标字体文件,并且还有 LESS、JavaScript 和文档的源码。需要 Less 编译器和一些设置工作才可以方便使用。具体来说,主要文件组织结构如下:

```
bootstrap/
├── less/
├── js/
├── fonts/
├── dist/
│   ├── css/
│   ├── js/
│   └── fonts/
└── docs/
    └── examples/
```

less/、js/和 fonts/目录分别包含了 CSS、JS 和字体图标的源码。dist/目录包含了上面所说的预编译 Bootstrap 包内的所有文件。docs/包含了所有文档的源码文件,examples/目录是 Bootstrap 官方提供的实例工程。除了这些,其他文件还包含 Bootstrap 安装包的定义文件、许可证文件和编译脚本等。

Less 是一门 CSS 预处理语言,它扩展了 CSS 语言,增加了变量、Mixin、函数等特性,使 CSS 更易维护和扩展。Less 可以运行在 Node 或浏览器端。需要学习 Less 的可以查阅 lesscss.cn 网站。

Bootstrap 的 CSS 和 JavaScript 文件编译可以查阅"http://v3.bootcss.com/getting-started/"的"编译 CSS 和 JavaScript 文件"部分。

2. Sass

这是 Bootstrap 从 Less 到 Sass 的源码移植项目,用于快速地在 Rails、Compass 或只针对 Sass 的项目中引入。

Sass 的相关知识请查阅"http://sass-lang.com/"。

任务 4.2　使用 Bootstrap 栅格系统快速布局页面

☑ 学习目标

① 能够使用 Bootstrap 的栅格系统完成页面的流式布局。
② 能够根据网页元素选择合适的栅格系统样式以响应不同视口。

☑ 任务描述

本任务要求通过学习 Bootstrap 的栅格系统知识和流式布局知识,完成页面的整体布局。
为此,需要学习:

① Bootstrap 的栅格系统知识。
② Bootstrap 的布局容器、行和列等相关知识。
在此基础上，完成了：
① 页面布局框架代码的编写。
② 对布局结果进行测试。

☑ 知识学习与课堂练习

Bootstrap 提供了一套响应式、移动设备优先的流式栅格系统，随着屏幕或视口（viewport）尺寸的增加，系统会自动分为最多 12 列，即 Bootstrap 将页面的每一行划分为 12 列的方式进行页面布局。

1. 栅格系统

Bootstrap 的栅格参数如表 4.2-1 所示。

表 4.2-1 Bootstrap 栅格参数表

参数	超小屏幕.手机 （<768px）	小屏幕.平板 （≥768px）	中等屏幕.桌面视口 （≥992px）	大屏幕.大桌面视口 （≥1200px）
栅格系统行为	总是水平排列	开始是堆叠在一起的，当大于这些阈值时将变为水平排列		
.container 最大宽度	None（自动）	750px	970px	1170px
类前缀	.col-xs-	.col-sm-	.col-md-	.col-lg-
列（column）数	12			
最大列（column）宽	自动	~62px	~81px	~97px
槽（gutter）宽	30px（每列左右均有 15px）			
可嵌套	是			
偏移（Offsets）	是			
列排序	是			

以.col-lg-类为例，Bootstrap 对其栅格进行了如下定义：

```
1    @media (min-width: 1200px) {
2      .col-lg-12,.col-lg-11,.col-lg-10,.col-lg-9,.col-lg-8,.col-lg-7,.
3    col-lg-6,.col-lg-5,.col-lg-4,.col-lg-3,.col-lg-2,.col-lg-1{
4        position: relative;
5        min-height: 1px;
6        padding-right: 15px;/*定义栅格之间的间隔*/
7        padding-left: 15px;/*定义栅格之间的间隔*/
8        float: left;
9      }
10     .col-lg-12 {width: 100%;}
11     .col-lg-11 {width: 91.66666667%;}
12     .col-lg-10 {width: 83.333333333%;}
13     .col-lg-9 {width: 75%;}
14     .col-lg-8 {width: 66.66666667%;}
15     .col-lg-7 {width: 58.33333333%;}
16     .col-lg-6 {width: 50%;}
17     .col-lg-5 {width: 41.66666667%;}
```

```
18    .col-lg-4 {width: 33.33333333%;}
19    .col-lg-3 {width: 25%;}
20    .col-lg-2 {width: 16.66666667%;}
21    .col-lg-1 {width: 8.33333333%;}
22  }
```

2. 布局容器

Bootstrap 为了保证栅格布局的正常应用，需要使用布局容器（添加.container 或.container-fluid 类的标签）来完成页面布局。其中.container 类是用于固定宽度（各视口最大宽度可参考表 4.2-1）并支持响应式布局的容器。.container-fluid 类是用于 100%的宽度，可占据全部视口的容器。由于 padding 等 css 属性的原因，.container 和.container-fluid 类的标签不能互相嵌套。

Bootstrap 中对.container-fluid 和.container 类的属性设置如下：

```
1   .container-fluid {
2     padding-right: 15px;
3     padding-left: 15px;
4     margin-right: auto;
5     margin-left: auto;
6   }
7   .container {
8     padding-right: 15px;
9     padding-left: 15px;
10    margin-right: auto;
11    margin-left: auto;
12  }
13  @media (min-width: 768px) {
14    .container {
15      width: 750px;
16    }
17  }
18  @media (min-width: 992px) {
19    .container {
20      width: 970px;
21    }
22  }
23  @media (min-width: 1200px) {
24    .container {
25      width: 1170px;
26    }
27  }
```

3. row

Bootstrap 为栅格添加了一个独立的类.row，以适用我们的先创建行（row），然后在行中创建列（.col-xs-*等 Bootstrap 栅格类预定的列）的布局，同时通过为.row 元素设置负值 margin 从而抵消了布局容器（.container-fluid 和.container 类）设置的左右两边 padding，也就间接保留了"行（row）"所包含的"列（column）"（栅格类.col-xs-*、.col-sm-*、.col-md-*、.col-lg-*）设置的 padding 值（左右各 15px）。.row 类在 Bootstrap 的定义如下：

```
1   .row {
```

```
2        margin-right: -15px;
3        margin-left: -15px;
4    }
```

"行（row）"必须包含在.container（固定宽度）或.container-fluid（100%宽度）中，以便为其赋予合适的排列（aligment）和内补（padding），通常我们会通过"行（row）"在水平方向创建一组"列(column)"，然后将内容放置于"列(column,栅格类.col-xs-*,.col- sm-*,.col-md-*,.col-lg-*)"内，并且，只有"列（column）"可以作为行（row）"的直接子元素。

例如，要在一个 100%宽度的容器内创建一个左右结构的布局，可以在<body>便签内输入如下代码：

```
1    <div class="container-fluid">
2        <div class="row">
3            <div class="col-md-6">左边，宽度占 50%（视口分辨率大于 992px 时）</div>
4            <div class="col-md-6">右边，宽度占 50%（视口分辨率大于 992px 时）</div>
5        </div>
6    </div>
7
8
```

【课堂练习 4.2-1】创建一个响应式的栅格页面。

打开 4.2-1 素材文件夹中的 web_bootstrap 文件夹，在已经配置好 Bootstrap 的 index.html 页面编写一个布局框架页面，要求如下：

① 采用 100%宽度的容器。

② 在行（row）中创建一个大桌面视口下是 4 列、桌面视口下是 2 列、平板是 2 列、手机是 1 列的布局框架。

课堂练习的部分代码可参考如下示例：

```
1    <div class="container-fluid">
2        <div class="row">
3            <div class="col-lg-3 col-md-6 col-sm-6">1</div>
4            <div class="col-lg-3 col-md-6 col-sm-6">2</div>
5            <div class="col-lg-3 col-md-6 col-sm-6">3</div>
6            <div class="col-lg-3 col-md-6 col-sm-6">4</div>
7        </div>
8    </div>
```

4. 列偏移

Bootstrap 处理定义了栅格，还为栅格的左留白定义了一套"留白栅格"，我们把它叫做列偏移样式。

如使用.col-md-offset-*类可以将列向右侧偏移。这些类实际是通过使用*选择器为当前元素增加了左侧的边距（margin）。例如，Bootstrap 对.col-md-offset-*样式做了如下定义：

```
1    .col-md-offset-12 {
2        margin-left: 100%;
3    }
4    .col-md-offset-11 {
5        margin-left: 91.66666667%;
6    }
7    .col-md-offset-10 {
8        margin-left: 83.33333333%;
```

```
9     }
10    /*以下省略*/
```

由样式我们可以知道，如果在桌面视口端使用了.col-md-offset-4类的标签元素，元素会向右侧偏移4个列（column）的宽度。

【课堂练习4.2-2】创建一个"居中"的栅格列。

打开4.2-1完成的文件，在练习4.2-1的基础上，在row内的布局框架元素上方增加标题和说明文字，要求如下：

① 标题在任何显示视口都是独立的一行显示。

② 说明文字在大桌面视口、桌面视口占页面的8等分，并居中对齐。

课堂练习的部分代码可参考如下示例：

```
1   <div class="container-fluid">
2       <div class="row">
3           <h2>标题</h2>
4           <div class="col-lg-8 col-lg-offset-2 col-md-8 col-md-offset-2>
5           说明文字</div>
6           <div class="col-lg-3 col-md-6 col-sm-6">1</div>
7           <div class="col-lg-3 col-md-6 col-sm-6">2</div>
8           <div class="col-lg-3 col-md-6 col-sm-6">3</div>
9           <div class="col-lg-3 col-md-6 col-sm-6">4</div>
10      </div>
11  </div>
```

☑ 任务实施

在任务4.1的基础上，需要完成页面的基本布局框架，以便在任务4.3中加入对应内容。

通过分析效果图片，我们不难发现，除了移动视口，其他视口下左右两边的内容与浏览器都保持着一定的边界（padding），所以我们可以判断页面布局时应该选用固定宽度容器.container。

由于背景图片与浏览器之间没有边界，所以应该在.contariner外加一个普通容器用于添加背景等各类自定义样式。

1. 菜单栏

因为菜单栏部分是左右结构，可以在<body>标签中编写左右布局代码，参考代码如下：

```
1   <header class="header">
2       <nav class="container">
3           <div class="row">
4               <div class="col-lg-3 col-md-3 col-sm-4">logo</div>
5               <div class="col-lg-9 col-md-9 col-sm-8">nav</div>
6           </div>
7       </nav>
8   </header>
9
10
```

2. Banner广告

Banner公告区域为通栏（没有分列），故只需要单独创建一行即可，参考代码如下：

```
1   <article class="banner">
```

```
2       <div class="container">
3           <div class="row">
4               <!--banner,h,p,input-->
5           </div>
6       </div>
7   </article>
```

3. 关于我们和招生计划

此栏为左右结构，在大桌面视口和桌面视口端采用左右对半的结构，平板和手机端为上下结构（占 12 列），默认即占 12 列，故不用编写，只需要编写大桌面视口和桌面视口端两个端口的。参考代码如下：

```
1   <article class="about">
2       <div class="container">
3           <div class="row">
4               <div class="col-lg-6 col-md-6">img</div>
5               <div class="col-lg-6 col-md-6">about us</div>
6           </div>
7       </div>
8   </article>
```

4. 本科专业介绍

此栏内容在在大桌面视口和桌面视口端为标题+分割线+段落（左右有 2 个列的空白），然后是左中右结构的布局，在平板和手机端不存在左右结构，是垂直排列的标题+分割线+段落+3 个垂直的专业介绍。参考代码如下：

```
1   <article class="mojar">
2       <div class="container">
3           <div class="row">
4               <h2>本科专业介绍</h2>
5               <hr/>
6               <div class="col-lg-8 col-lg-offset-2">
7                   <p>目前我校……</p>
8               </div>
9               <div class="col-md-4">计算机技术模块</div>
10              <div class="col-md-4">网络工程模块</div>
11              <div class="col-md-4">软件工程模块</div>
12          </div>
13      </div>
14  </article>
```

5. 实训环境

该栏目内容与上一栏目类似，不同的是栏目有 6 个内容方块，在大桌面视口和桌面视口端为左中右结构，在平板是左右结构，手机端垂直排练。大桌面视口和桌面视口端为系统栅格，根据媒体查询的包含氛围，只需要写桌面视口端即可。参考代码如下：

```
1   <article class="environmental">
2       <div class="container">
3           <div class="row">
4               <h2>实训环境</h2>
```

```
5           <hr/>
6           <div class="col-lg-8 col-lg-offset-2">
7               <p>段落内容</p>
8           </div>
9           <div class="col-md-4 col-sm-6">软件</div>
10          <div class="col-md-4 col-sm-6">仿真</div>
11          <div class="col-md-4 col-sm-6">布线</div>
12          <div class="col-md-4 col-sm-6">嵌入式</div>
13          <div class="col-md-4 col-sm-6">物联网</div>
14          <div class="col-md-4 col-sm-6">基础</div>
15      </div>
16    </div>
17 </article>
```

6. 优秀本科毕业生

该栏目在也与上一栏目类似，内容在平板视口上是左右结构，桌面和大桌面视口设备为4列显示，参考代码如下：

```
1  <article class="graduate">
2      <div class="container">
3          <div class="row">
4              <h2>优秀本科毕业生</h2>
5              <hr/>
6              <div class="col-md-3 col-sm-6">学生1</div>
7              <div class="col-md-3 col-sm-6">学生2</div>
8              <div class="col-md-3 col-sm-6">学生3</div>
9              <div class="col-md-3 col-sm-6">学生4</div>
10             <div class="col-lg-8 col-lg-offset-2">
11                 <p>段落内容</p>
12             </div>
13         </div>
14     </div>
15 </article>
```

7. 联系我们

栏目前半部分与上面栏目类似，这里只提供表单部分的参考代码：

```
1  <div class="row">
2      <div class="col-lg-8 col-lg-offset-2">
3          <form>
4              <div class="row">
5                  <div class="col-sm-6">
6                      <input type="text" />
7                  </div>
8                  <div class="col-sm-6">
9                      <input type="email" />
10                 </div>
11             </div>
12             <textarea></textarea>
```

```
13                <div class="row">
14                    <div class="col-xs-12 col-md-12">
15                        <button type="submit">留言</button>
16                    </div>
17                </div>
18            </form>
19        </div>
20    </div>
```

8. 版权

栏目内容为简单的左右结构，可参考上述内容来完成，这里省略。

9. 测试

在完成上述内容后，需要对完成的结果进行测试，重点测试在临界值区域各栅格系统的变化。

☑ 任务回顾

在本次任务中，学习了 Bootstrap 的如下知识：
① Bootstrap 的栅格系统原理，并对栅格的核心样式（.col-）进行了分析。
② Bootstrap 栅格系统的响应临界值。
③ Bootstrap 的布局容器.container 和.container-fluid 类。
④ Bootstrap 的.row 类。

我们将这些知识运用到了项目中，对项目要求的网页单页进行了框架性的布局，在不同视口下实现了左右、左中右和通栏的布局，实现了页面的响应式效果。

☑ 任务拓展

1. 非等高栅格元素的强制换行

在网页制作过程中，会出现同行相似元素不等高的现象，如图 4.2-1 所示。

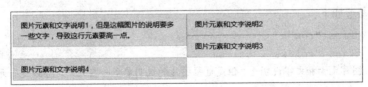

图 4.2-1　非等高的栅格元素导致的"卡位"现象

HTML 代码如下：

```
1    <div class="row">
2    <div class="col-xs-6 col-sm-3">
3        图片元素和文字说明1,但是这幅图片的说明要多一些文字,导致这行元素要高一点。
4    </div>
5        <div class="col-xs-6 col-sm-3">图片元素和文字说明2</div>
6        <div class="col-xs-6 col-sm-3">图片元素和文字说明3</div>
7        <div class="col-xs-6 col-sm-3">图片元素和文字说明4</div>
8    </div>
```

为此，Bootstrap 为此提供了专门的换行解决方案来解决这一问题：clearfix 类和 visible-xs-block 类，它们的 CSS 样式如下：

```
1    .clearfix:before,
2    .clearfix:after {
3      display: table;
4      content: " ";
5    }
6    .clearfix:after,{
7      clear: both;
8    }
9    .visible-xs-block,
10   .visible-xs-inline,
11   .visible-xs-inline-block,
12   .visible-sm-block,
13   .visible-sm-inline,
14   .visible-sm-inline-block,
15   .visible-md-block,
16   .visible-md-inline,
17   .visible-md-inline-block,
18   .visible-lg-block,
19   .visible-lg-inline,
20   .visible-lg-inline-block {
21     display: none !important;
22   }
```

添加样式后，可以达到如图 4.2-2 所示的效果。

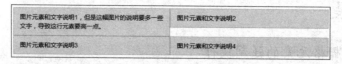

图 4.2-2　处理后的非等高栅格元素

HTML 代码参考如下：

```
1    <div class="row">
2      <div class="col-xs-6 col-sm-3">
3        图片元素和文字说明1,但是这幅图片的说明要多一些文字,导致这行元素要高一点。
4      </div>
5      <div class="col-xs-6 col-sm-3">图片元素和文字说明2</div>
6      <!--添加卡位整理元素-->
7      <div class="clearfix visible-xs-block"></div>
8      <div class="col-xs-6 col-sm-3">图片元素和文字说明3</div>
9      <div class="col-xs-6 col-sm-3">图片元素和文字说明4</div>
10   </div>
```

2. 列排序

Bootstrap 还为列提供了排序样式.col-xs-pull-*,.col-sm-pull-*,.col-md-pull-*,.col-lg-pull-*

和.col-xs-push-*、.col-sm-push-*、.col-md-push-*、.col-lg-push-*等，以方便我们在不同视口时调整元素顺序。

以.col-md-pull-3 和.col-md-push-3 为例，其 CSS 样式如下：

```
1    .col-md-push-3 {
2        left: 25%;
3    }
4    .col-md-pull-3 {
5        right: 25%;
6    }
```

应用案例：

```
1    <div class="row">
2        <div class="col-md-9 col-md-push-3">.col-md-9 .col-md-push-3</div>
3        <div class="col-md-3 col-md-pull-9">.col-md-3 .col-md-pull-9</div>
4    </div>
```

以上样式可以让.col-md-9 元素在右边，而.col-md-3 元素在左边，同时在手机端实现.col-md-3 元素在上面、.col-md-9 元素在下方的效果。

任务 4.3　使用 Bootstrap 组件和 JS 插件制作网页导航条

☑ 学习目标

① 能够学习 Bootstrap 的导航条组件，利用 Bootstrap 导航条组件相关内容，完成不同样式导航条的制作。

② 能够利用 Bootstrap 的 JavaScript 插件，对导航条进行移动化（响应式）改造。

☑ 任务描述

本任务要求通过学习 Bootstrap 的导航条及相关组件，完成项目网页的导航条制作。
为此，需要学习：

① Bootstrap 的菜单框架、菜单样式、字体图标等知识。

② Bootstrap 的响应式菜单、下拉菜单等 JavaScript 插件知识。

在此基础上，完成：

① 网页导航条的内容制作。

② 网页手机状态导航条的制作。

☑ 知识学习与课堂练习

网页的组件，是指包括下拉菜单、导航、警告框、弹出框等可以在各个网页上常见的一般可以复用的页面元素。

为了完成页面导航条的制作，需要学习 Bootstrap 组件部分的相关知识，可以查阅 Bootstrap 框架中文网址（非官方，官方网址是 http://getbootstrap.com/components）的"组件"（网址

http://v3.bootcss.com/components/)来学习 Bootstrap 的组件。

根据本任务的要求，为了能够顺利应用 Bootstrap 组件来制作招生页面的导航条，需要先学习 Bootstrap 的导航条组件和字体图标等相关知识。

Bootstrap 中的导航组件都共同使用一个已经写好了的 nav 类，状态类也是共用的。通过修改 nav 类的样式就可以得到想要的样式。

1. 导航条的框架样式

导航条框架包括创建一个导航条栏底色和布局容器，Bootstrap 为导航条设置了 .navbar 和 .navbar-default 类预定义样式来设置导航条的高宽、边框、边距和导航项背景色等格式，.container 布局容器则已经在任务 4.2 中学习过。其基本框架样式如下：

```
1    .navbar {
2        position: relative;
3        min-height: 50px;
4        margin-bottom: 20px;
5        border: 1px solid transparent;
6    }/*在平板以上设备增加了border-radius: 4px;*/
7    .navbar-default {
8        background-color: #f8f8f8;
9        border-color: #e7e7e7;
10   }/*设置导航条底色，反色样式为.navbar-inverse，也可以自己设置*/
11   .container-fluid > .navbar-collapse,
12   .container-fluid > .navbar-header,
13   .container > .navbar-collapse,
14   .container > .navbar-header {
15       margin-right: -15px;
16       margin-left: -15px;
17   }/*用于抵消.container和.container-fluid布局容器设置的两个边距，一般用于导航
18   条的左右两端*/
```

应用时可以参考如下代码：

```
1    <nav class="navbar navbar-default">
2        <div class="container">
3            <div class="navbar-header">头部</div>
4        </div>
5    </nav>
```

完成后的效果图如下图 4.3-1 所示。

图 4.3-1 导航条框架效果图

2. 导航条内容优化样式

在搭建好框架后，需要在导航条中创建各种内容。

（1）列表导航

使用<ul>列表来创建导航是行业的习惯，为此，Bootstrap 也为使用<ul>创建导航条创建了各种样式，主要以.nav 和.navbar-bar 类为主，且一般会同时使用，相关样式如下：

```css
1   .nav {
2     padding-left: 0;
3     margin-bottom: 0;
4     list-style: none;
5   }
6   .nav>li {
7     position: relative;
8     display: block;
9   }
10  .nav>li>a {
11    position: relative;
12    display: block;
13    padding: 10px 15px;
14  }
15  .nav>li>a:hover,
16  .nav>li>a:focus {
17    text-decoration: none;
18    background-color: #eee;
19  }
20  .navbar-nav {
21      float: left;
22      margin: 0;
23  }
24  .navbar-nav>li {
25      float: left;
26  }
27  .navbar-nav>li>a {
28      padding-top: 15px;
29      padding-bottom: 15px;
30  }
```

应用时,可以在框架代码的基础上添加,可参考如下代码:

```html
1   <ul class="nav navbar-nav">
2       <li ><a href="">list1</a></li>
3       <li><a href="">list2</a></li>
4       <li><a href="">list3</a></li>
5   </ul>
```

完成后效果图如图 4.3.-2 所示。

图 4.3-2　导航条框架基础样式

（2）常用格式优化

为了保证导航容器内的相关内容有正确的行距和颜色等格式,Bootstrap 预设了一些常用的样式格式。

常用格式样式如下:

```css
1   .navbar-default .navbar-nav > .active > a,
2   .navbar-default .navbar-nav > .active > a:hover,
3   .navbar-default .navbar-nav > .active > a:focus {
```

```
4      color: #555;
5      background-color: #e7e7e7;
6    }/*用于设置选中的列表*/
7    .navbar-brand {
8      float: left;
9      height: 50px;
10     padding: 15px 15px;
11     font-size: 18px;
12     line-height: 20px;
13   }/*一般用于导航的标题类内容*/
14   .navbar-text {
15     margin-top: 15px;
16     margin-bottom: 15px;
17   }/*一般用于导航的非超链接类文本*/
18   .navbar-left {
19     float: left !important;
20   }/*组件左排列*/
21   .navbar-right {
22     float: right !important;
23     margin-right: -15px;
24   }/*组件右排列*/
25   .navbar-form {
26     padding: 10px 15px;
27     margin-top: 8px;
28     margin-right: -15px;
29     margin-bottom: 8px;
30     margin-left: -15px;
31     border-top: 1px solid transparent;
32     border-bottom: 1px solid transparent;
33     box-shadow: inset 0 1px 0 rgba(255, 255, 255, .1), 0 1px 0 rgba(255,
34   255, 255, .1);
35   }/*用于设置导航内的表单组件*/
```

利用上面的格式优化样式，可以做出比较完美的导航条。

【课堂练习 4.3-1】使用 Bootstrap 制作导航条。

某网站导航条效果图如图 4.3-3 所示，请使用 Bootstrap 导航条组件完成其网页效果的实现。

图 4.3-3　课堂练习 4.3-1 效果图

可参考如下方式实现：

① 搭建导航框架。

② 创建列表，并输入相应内容。

③ 利用 Bootstrap 的导航条格式优化样式来设置内容样式。

可参考如下 HTML 代码：

```
1    <nav class="navbar navbar-default" >
2      <div class="container-fluid">
3        <div class="navbar-header">
4          <a class="navbar-brand" href="#">Olimpia Trucks</a>
```

项目 4 使用 Bootstrap 开源框架快速搭建响应式网页

```
5           </div>
6           <ul class="nav navbar-nav">
7               <li><a href="">Start</a></li>
8               <li><a href="">Our Trucks </a></li>
9               <li><a href="">About us</a></li>
10              <li><a href="">Impressum</a></li>
11          </ul>
12          <ul class="nav navbar-nav navbar-right">
13              <li><a href="#">Login</a></li>
14          </ul>
15      </div>
16  </nav>
```

3. 字体图标或品牌图片

（1）字体图标

在配置环境时，也许已经留意到了 Bootstrap 存放字体的文件夹，Bootstrap 提供了 Glyphicons 字体图标，包括 250 多个来自 Glyphicon Halflings 的字体图标。Glyphicons Halflings 一般是收费的，但是他们的作者允许 Bootstrap 免费使用。部分图标样式如图 4.3-4 所示，也可以在 http://getbootstrap.com/components 查看所有的图标样式。

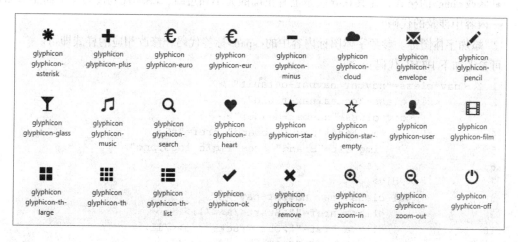

图 4.3-4 图标字体

每一个图标都有一个独立的类，图标类不能和其他组件直接联合使用，它们不能在同一个元素上与其他类共同存在。所以，要使用图标必须创建一个嵌套的<span>标签，并将图标类应用到这个<span>标签上。

为了有正确的 padding 值，务必在图标和文本之间添加一个空格。

可参考如下代码：

```
1   <span class="glyphicon glyphicon-search" aria-hidden="true"></span>
```
aria-hidden="true"为无障碍属性，我们会在任务 4.5 中介绍。

（2）品牌图片

将导航条内放置品牌标志的地方（头部）替换为<img>元素即可展示自己的品牌图标。由于.navbar-brand 已经被设置了内补（padding）和高度（height），所以在使用时需要设置自己的

CSS 代码来替换默认的样式。

可参考如下 CSS 样式代码：

```
1    .navbar-brand {
2      padding: 5px !important;
3    }
4    .navbar-brand > img {
5      height: 40px;
6    }
```

【课堂练习 4.3-2】在导航条添加图标和品牌图片。

在上一个课堂练习的基础上，完成如图 4.3-5 所示的效果图：在 Login 前面添加字体图标，在 Olimpia Trucks 前面添加品牌图片。

图 4.3-5　课堂练习 4.3-2 效果图

可参考如下方式实现：

① 添加品牌图片。
- 删除原有的文字品牌标志，添加<img>标签，图片文件在 4.3-2 文件夹中。
- 修改<img>的格式，让其在导航条上有正确的大小和边距，CSS 代码可参考上面品牌图片内容中涉及的代码。

② 添加字体图标。参考字体图标内容中的<span>标签代码，修改相应的样式即可。

可参考如下 HTML 代码：

```
1    <nav class="navbar navbar-default" >
2      <div class="container-fluid">
3        <div class="navbar-header">
4          <a class="navbar-brand" href="#">
5            <img alt="Brand" src="img/o_logo.png">
6          </a>
7        </div>
8        <ul class="nav navbar-nav">
9          <li><a href="">Start</a></li>
10         <li><a href="">Our Trucks </a></li>
11         <li><a href="">About us</a></li>
12         <li><a href="">Impressum</a></li>
13       </ul>
14       <ul class="nav navbar-nav navbar-right">
15         <li>
16         <a href="#"><span class="glyphicon glyphicon-user" aria-
17    hidden="true"></span> Login</a>
18         </li>
19       </ul>
20     </div>
21   </nav>
```

4. 为手机端创建菜单图标

将课堂练习 4.3-2 中完成的导航条用于手机端（<768px）时，发现导航条全部垂直排列，如

图 4.3-6 所示。

图 4.3-6　课堂练习 4.3-2 手机端导航条效果图

很明显，这个并不是我们想要的效果。

Bootstrap 已经为我们想好了一切，为此，只需要添加适当的 HTML 代码即可得到想要的结果。

① 在 navbar-header 类的<div>标签中添加<button>按钮，并为其添加 navbar-toggle 和 collapsed 类。

② 用<div>将要隐藏的列表包裹，并为其添加 collapse 和 navbar-collapse 类。

③ Bootstrap 采用的是通过单击鼠标按钮来显示和隐藏的下拉菜单，所以其依赖于 jquery.js 和 bootstrap.js 文件。为此，需要在<button>中添加如下参数：

data-toggle="collapse"：触发事件。

data-target="#bs-example-navbar-collapse-1"：触发事件的目标。

aria-expanded="false"：用于无障碍设备检查切换动作的扩张属性。

data 属性是 Bootstrap 的 API，是我们使用 Bootstrap JS 的首选方式，可以仅仅通过 data 属性 API 就能使用所有 Bootstrap 中的插件，而不用写一行 JavaScript 代码，此处应用了 BootstrapJS 的 collapse 插件。

aria-expanded 是 W3CWAI-ARIA（无障碍）的一个扩展属性，目前还是草案，可查看 W3C 文档 https://www.w3.org/WAI/GL/wiki/Using_aria-expanded_to_indicate_the_state_of_a_collapsible_element 了解详细，如果网页不针对网页无障碍进行设计，则可省略此属性。

在 navbar-collapse 类的<div>标签中添加 id 属性，并对应 data-target 的值：

`id="bs-example-navbar-collapse-1"`

也可以自己定义属性值，只需要与 data-target 的属性对应即可。

【课堂练习 4.3-3】导航条的移动化。

将课堂练习 4.3-2 的导航条进行响应式处理，让其在移动端时按图 4.3-7 所示的效果显示，且在单击图标时能够按下拉的方式显示隐藏的导航条。

图 4.3-7　课堂练习 4.3-3 效果图

可参考如下代码：

```
1    <!--在 navbar-header 类的<div>标签中添加-->
2    <button type="button" class="navbar-toggle collapsed" data-toggle=
3    "collapse"       data-target="#bs-example-navbar-collapse-1"       aria-
4    expanded="false">
```

```
5              <span class="icon-bar"></span>
6              <span class="icon-bar"></span>
7              <span class="icon-bar"></span>
8        </button>
9        <!--用此div包裹要隐藏的内容-->
10       <div     class="collapse    navbar-collapse"     id="bs-example-navbar-
11  collapse-1">
12       <!--隐藏的内容 -->
13       </div>
```

☑ 任务实施

在任务 4.2 中，我们已经对整个页面进行了布局，其中导航条的代码如下：

```
1   <header class="header">
2       <nav class="container">
3           <div class="row">
4               <div class="col-lg-3 col-md-3 col-sm-4">logo</div>
5               <div class="col-lg-9 col-md-9 col-sm-8">nav</div>
6           </div>
7       </nav>
8   </header>
```

很明显，这是利用 Bootstrap 的栅格系统进行的左右布局，通过前面知识的学习，知道利用 Bootstrap 的导航条来完成任务，不需要进行左右布局。

接下来，利用 Bootstrap 的导航条来完成本次任务。

发现要做的导航条比较简单，并不是 Bootstrap 提供的参考样式。

1. 搭建导航条框架

由于任务中的导航条并没有圆角边框，所以要修改 navbar-default 样式。

另外，导航条在 1440px 状态下我们并不是占满整行，而是有一个最大的宽度，据此可以判断采用的是 container 容器而不是 container-fluid 容器。

可参考如下代码来搭建导航条框架：

```
1   <header class="headernavbarnavbar-default">
2       <nav class="container">
3           <div class="navbar-header">logo</div>
4           <ul class="nav navbar-nav navbar-right">li</ul>
5       </nav>
6   </header>
```

2. 为导航条添加品牌图片

为了方便，我们将头部直接看成是图片，在 navbar-henader 中加入图片即可。

```
1   <a class="navbar-brand" href="#">
2       <img alt="logo" src="img/logo.png">
3   </a>
```

图片资源可以在 4.3 文件夹中找到，因为图片的高度已根据导航条处理完成，所以不需要修改 img 和 navbar-brand 样式。

还可以用 FontAwesome 字体图标的方式来完成此元素的制作,具体方法请参考任务拓展部分。

3. 制作导航条列表

列表信息根据内容输入即可，由于导航条是在右边的，所以需要加入 navbar-right 样式。

```
1    <ul class="nav navbar-nav navbar-right">
2        <li class="active"><a href="">首页</a></li>
3        <li><a href="">招生计划</a></li>
4        <li><a href="">专业介绍</a></li>
5        <li><a href="">实训环境</a></li>
6        <li><a href="">优秀毕业生</a></li>
7        <li><a href="">联系我们</a></li>
8    </ul>
```

4. 修改 navbar-default 样式

需要去掉导航条的边框，所以可以通过修改.navbar-default 来实现。

新建一个 css 样式表，取名为 mystyle.css，保存到 css 文件夹，并与 index.html 页面建立关联，即在该页面<head>中加入<link>引入样式文件：

```
1    <link href="css/mystyle.css" rel="stylesheet">
```

并在 mystyle.css 文件中添加如下样式：

```
1    .navbar-default{
2        border: none;
3    }
```

完成后的效果，如图 4.3-8 所示。

图 4.3-8　计算端导航条效果图

5. 为导航条创建响应式按钮以适应手机端

参考知识学习与课堂练习第 4 部分的知识，在 navbar-header 类的<div>标签中添加按钮，可参考如下代码：

```
1    <!--在navbar-header 类的<div>标签中添加-->
2    <button type="button" class="navbar-toggle collapsed" data-toggle=
3    "collapse" data-target="#nav " >
4        <span class="icon-bar"></span>
5        <span class="icon-bar"></span>
6        <span class="icon-bar"></span>
7    </button>
```

因为<button>的 data-target="#nav "，所以需要在<ul>的外围添加 id 为 nav 的<div>，可以参考如下代码：

```
1    <!--用此div 包裹 ul 的内容-->
2    <divid="nav" class="collapse navbar-collapse">
3    <!--ul 的内容 -->
4    </div>
```

自此，导航条已经完成。

完成后的移动端状态导航条效果如图 4.3-9 所示。

图 4.3-9　移动端导航条效果图

单击右上角图标，显示如图 4.3-10 所示。

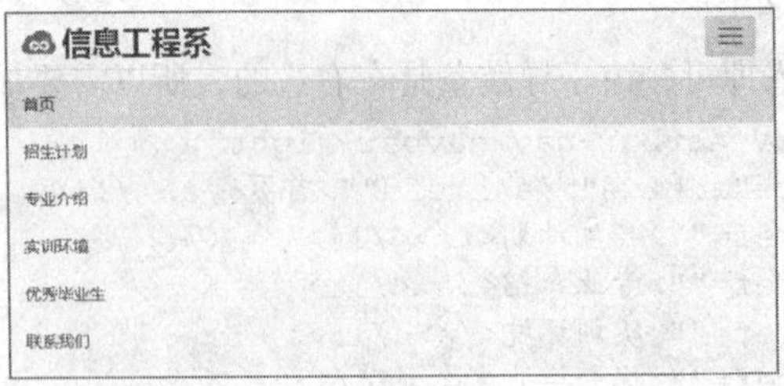

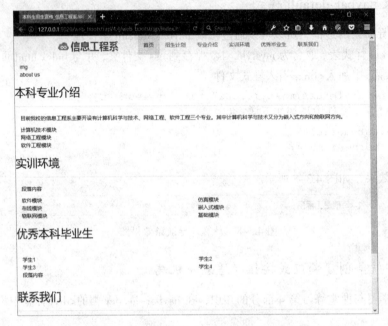

图 4.3-10 移动端导航条交互效果图

任务完成后的桌面视口页面截图如图 4.3-11 所示。

图 4.3-11 完成导航条制作后的页面效果图

☑ 任务回顾

在本次任务中，学习了 Bootstrap 导航条的如下知识：
① Bootstrap 默认样式的导航条框架。
② Bootstrap 默认样式的导航条列表。
③ Bootstrap 默认样式的导航条内部修饰内容：图标、品牌图片、对齐等。
④ Bootstrap 默认样式的导航条手机菜单、按钮。
将这些知识运用到了我们的项目中，完成了导航条的制作，并实现了导航条的响应式效果。

☑ 任务拓展

1. 下拉菜单

下拉菜单的制作方法与手机端按钮菜单的制作方法类似。

拓展练习 4.3-1　在课堂练习 4.3-3 的基础上为 Our Trucks 加入下拉菜单。
参考图 4.3-12 所示的效果，为 OurTrucks 添加下拉菜单。

图 4.3-12　拓展练习 4.3-1 效果图

① 要达到上述效果，需要将代码：
```
1    <li><a href="">Our Trucks </a></li>
```
修改为：
```
1    <li class="dropdown">
2        <a href="" class="dropdown-toggle" data-toggle="dropdown">Our
3    Trucks <span class="caret"></span></a>
4        <ul class="dropdown-menu">
5            <li><a href="#">Fast Trucks</a></li>
6            <li><a href="#">Big Trucks</a></li>
7            <li class="divider"></li>
8            <li><a href="#">Slow Trucks</a></li>
9        </ul>
10   </li>
11
```
② 很明显，从<a>标签属性 data-toggle="dropdown"可以知道，此效果依赖于 BootstrapJS 的 dropdown API。dropdown 类的样式请自行查看 bootstrap.css 文件。

2. 导航条固定

Bootstrap 设置了专门的类来将导航条固定在顶部和底部。
拓展练习 4.3-2　在本次任务实施完成的基础上将导航条固定在页面顶部。
① Bootstrap 提供的.navbar-fixed-top 类可以让导航条固定在顶部，并且还可以包含一个.container 或.container-fluid 容器，从而让导航条居中，并在两侧添加内补（padding）。
② 因为.container 容器在任务实施时已经添加，所以只需要在<header>标签中增加.navbar-fixed-top 类即可。
```
1    <header class="navbar navbar-default navbar-fixed-top">
```
③ 发现添加.navbar-fixed-top 类后，导航条是固定在顶部了，但却遮挡了正文部分的内容，为此，需要手动为 body 元素设置内补（padding）。
```
1    body{
2        padding-top:70px ;
3        /*Bootstrap 导航条默认高度为 50px*/
4    }
```
如果希望将导航条固定在底部，或者在菜单中添加表单，可以查看 http://v3.bootcss.com/components/页面了解。

任务4.4 使用Bootstrap组件和JS插件制作网页内容和交互

☑ 学习目标

① 能够学习Bootstrap的缩略图、巨幕、表单、表格等相关组件,能够完成网页页面元素的制作。

② 能够学习Bootstrap的JavaScript插件相关内容能够完成网页滚动监听等交互的制作。

☑ 任务描述

本次任务要求在完成导航条制作的基础上,继续完成接下来的网页内容。为此,需要学习:

① Bootstrap的缩略图、巨幕、表单、表格等相关组件。

② Bootstrap的滚动监听、轮播和模态框(弹出框)等相关JavaScript插件。

在此基础上,完成了:

① 网页Banner广告、招生计划、专业介绍、实训环境、优秀毕业生、联系我们和版权几个栏目内容的制作。

② 菜单栏滚动监听的制作。

☑ 知识学习与课堂练习

如果把要完成的网页与Bootstrap的组件效果进行对比,会发现,为完成接下来的任务需要学习如下Bootstrap知识:

1. 缩略图组件

Bootstrap的缩略图组件是利用Bootstrap栅格系统制作的一个图片应用场景,仅需要最少量的标签就能展示带链接的图片排列。

1)图片

Bootstrap缩略图默认样式如图4.4-1所示。

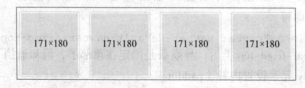

图4.4-1 Bootstrap缩略图

要实现图4.4-1所示的效果,可以参考如下代码:

```
1    <div class="row">
2        <div class="col-xs-6 col-md-3">
3            <a href="#" class="thumbnail">
4                <img src="..." alt="...">
```

```
5          </a>
6        </div>
7        <!--此处重复4个col-xs-6 col-md-3类的div-->
8      </div>
```

通过分析上述代码，知道缩略图因为应用了 Bootstrap 的栅格系统，所以是支持响应式的，能够在平板端只显示 2 栏图片，在手机端显示 1 栏图片，计算机及宽屏端显示 4 栏图片。

Bootstrap 对 thumbnail 类定义了如下样式：

```
1    .thumbnail {
2      display: block;
3      padding: 4px;
4      margin-bottom: 20px;
5      line-height: 1.42857143;
6      background-color: #fff;
7      border: 1px solid #ddd;
8      border-radius: 4px;
9      -webkit-transition: border .2s ease-in-out;
10         -o-transition: border .2s ease-in-out;
11            transition: border .2s ease-in-out;
12   }
13   .thumbnail > img,
14   .thumbnail a > img {
15     display: block;
16     max-width: 100%;
17     height: auto;
18     margin-right: auto;
19     margin-left: auto;
20   }
```

该样式代码设置了图片的边框和对齐方式等格式，并设置了响应式图片。

2）自定义缩略图

通过组合图片、标题、段落和按钮，就可以实现比较常见的网页布局形式，如图 4.4-2 所示。

图 4.4-2　常见的网页布局形式

可参考如下代码实现：

```
1    <div class="row">
2      <div class="col-sm-6 col-md-4">
3        <div class="thumbnail">
4          <img src="..." alt="...">
```

```
5        <div class="caption">
6            <h3>Thumbnail label</h3>
7            <p>...</p>
8            <p>
9                <a href="#" class="btn btn-primary" role="button">Button</a>
10               <a href="#" class="btn btn-default" role="button">Button</a>
11           </p>
12       </div>
13    </div>
14  </div>
15  <!--此处重复2个col-sm-6 col-md-4类的div-->
16  </div>
```

【课堂练习 4.4-1】使用 Bootstrap 缩略图，完成某卡车网站缩略图的效果图制作。效果图如图 4.4-3 所示。

图 4.4-3　某卡车网站缩略图的效果

（1）分析

可以利用 Bootstrap 的自定义缩略图来实现。

在任务 4.2 的学习中，我们知道，row 类是要与布局容器.container 或 .container-fluid 结合使用才可以避免不对称边界的产生。

另外，为了缩略图图片的排版美观和适应响应式图片宽度的变化，图片应该是等高和等宽的。

（2）参考代码

```
1   <div class="container-fluid">
2     <div class="row">
3       <div class="col-sm-6 col-md-4">
4         <div class="thumbnail">
5           <img src="img/1.jpg" alt="GREAT ">
6           <div class="caption">
7             <h3>GREAT EFFICIENCY</h3>
8             <p>Excellent benefit …….</p>
9           </div>
10        </div>
11      </div>
12      <div class="col-sm-6 col-md-4">
13        <div class="thumbnail">
14          <imgsrc="img/2.jpg" alt="TRAILER ">
15          <div class="caption">
```

```
16                <h3>TRAILER CONCEPTS</h3>
17                <p>Olimpia semitrailer……</p>
18            </div>
19        </div>
20    </div>
21    <div class="col-sm-6 col-md-4">
22        <div class="thumbnail">
23            <img src="img/3.jpg" alt="HISTORY">
24            <div class="caption">
25                <h3>HISTORY</h3>
26                <p>The history ……</p>
27            </div>
28        </div>
29    </div>
30 </div>
31 </div>
```

2. 巨幕组件

Bootstrap 的巨幕是一个轻量的灵活组件，可以利用这个组件实现以布满整个浏览器横向视口的方式来展现重要关键内容，如图 4.4-4 所示。

图 4.4-4　以布满整个浏览器横向视口的方式展现重要内容

参考代码如下：

```
1  <div class="jumbotron">
2      <h1>Hello, world!</h1>
3      <p>...</p>
4      <p><a class="btn btn-primary btn-lg" href="#" role="button">Learn
5  more</a></p>
6  </div>
```

如果不需要圆角，宽度与浏览器宽度一致，则可以把此组件放在所有 .container 元素（.container 类用于固定宽度并支持响应式布局的容器，详见任务 4.2 的外面，并在组件内部添加一个 .container 元素。

```
1  <div class="jumbotron">
2    <div class="container">
3    <h1>Hello, world!</h1>
4    <p>...</p>
5    <p><a class="btn btn-primary btn-lg" href="#" role="button">Learn
6  more</a></p>
7    </div>
8  </div>
```

【课堂练习 4.4-2】使用 Bootstrap 巨幕组件，完成某卡车网站巨幕效果图的制作。

使用 Bootstrap 巨幕组件完成如图 4.4-5 所示效果图的制作。

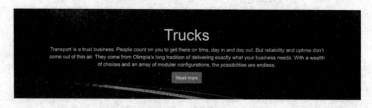

图 4.4-5　巨幕效果

（1）分析

效果图与 Bootstrap 默认巨幕组件的区别在于添加了背景图片，文本是居中的，文字的颜色也有变化，所以我们只需要使用不需要圆角的巨幕组件，并对样式稍作修改即可。

（2）参考代码

HTML 代码：

```
<div class="jumbotron bgw">
    <div class="container" >
    <h1>Trucks</h1>
    <p>Transport is…</p>
    <p><a class="btn btn-primary btn-lg" href="#" role="button">Read
more</a></p>
    </div>
</div>
```

CSS 代码：

```
.bgw{
    background-image: url(../img/bg.jpg);
    color: #eee;
    text-align: center;
}
```

3. 表格

Bootstrap 的表格内容属于全局 CSS 样式，Bootstrap 表格基础式样只是为表格增加了少量的内补（padding）和水平方向的分割线，效果如图 4.4-6 所示。

#	First Name	Last Name	Username
1	Mark	Otto	@mdo
2	Jacob	Thornton	@fat
3	Larry	the Bird	@twitter

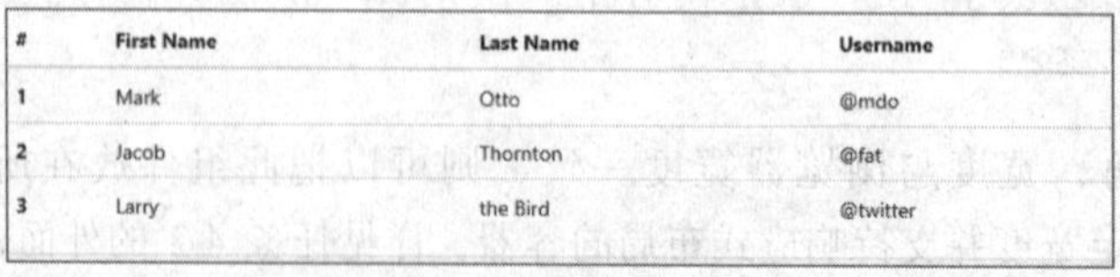

图 4.4-6　表格效果

要实现上述效果，是需要在<table>标签中添加.table 类：

```
<table class="table">
    …
<table>
```

在.table 类的基础上，添加.table-bordered 类可为表格和其中的每个单元格增加边框；添加.table-striped 类可以给<tbody>之内的每一行增加斑马条纹样式；添加.table-hover 类可以让

<tbody>中的每一行对鼠标悬停状态做出响应；添加.table-condensed 类可以让表格更加紧凑，单元格中的内补（padding）均会减半。

Bootstrap 还定义了一些状态类来设置行或单元格的颜色，也设置了响应式表格类.table-responsive，具体内容可以参考 http://v3.bootcss.com/css/#tables-contextual-classes 页面。

4. 表单

Bootstrap 对所用的表单控件都编写了全局样式。所有设置了.form-control 类的<input>、<textarea>和<select>元素都将被默认设置宽度属性为 width: 100%；将 label 元素和前面提到的控件包裹在.form-group 中可以获得最好的排列。

效果如图 4.4-7 所示。

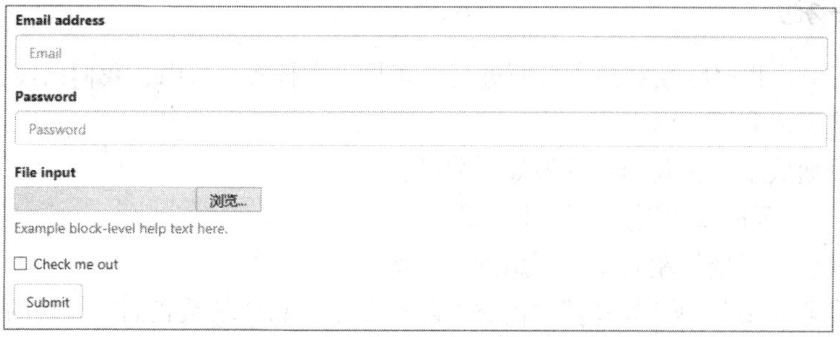

图 4.4-7　表单效果

参考代码如下：

```
1    <form>
2        <div class="form-group">
3            <label for="exampleInputEmail1">Email address</label>
4            <input type="email" class="form-control" id="exampleInputEmail1"
5    placeholder="Email">
6        </div>
7        ...
8        <button type="submit" class="btn btn-default">Submit</button>
9    </form>
```

Bootstrap 还设置了水平排列的表单，通过为<form>添加.form-horizontal 类，并结合 Bootstrap 栅格系统，就可以实现 label 与表单控件水平排列的布局。添加了.form-horizontal 后会对.form-group 类进行了修改，使其拥有.row 类的格式，使用时就可以实现独立行显示即.row 的效果。

效果如图 4.4-8 所示。

图 4.4-8　垂直排列的表单控制

参考代码如下：

```
1    <form class="form-horizontal">
2        <div class="form-group">
3            <label for="inputEmail3" class="col-sm-2 control-label">Email </label>
```

```
4            <div class="col-sm-10">
5              <input type="email" class="form-control" id="inputEmail3"
6    placeholder="Email">
7            </div>
8        </div>
9        …
10       <div class="form-group">
11         <div class="col-sm-offset-2 col-sm-10">
12           <button type="submit" class="btn btn-default">Sign in</button>
13         </div>
14       </div>
15   </form>
```

☑ 任务实施

在任务 4.2 中，我们已经对整个页面进行了布局，在任务 4.3 中，我们已经完成了导航条的制作，接下来将完成剩下的内容。

通过观察页面效果图，我们可以做如下分析：

① banner 广告区可以使用巨幕组件完成。

② "关于我们"区域是左右布局，用到了表格。

③ "本科专业介绍""实训环境""优秀本科毕业生"和"联系我们"模块的图标看作图片，因为它们都应用了 Bootstrap 的缩略图组件；另外，标题和说明文字除了颜色不一样外，其他样式都是也一样的。

④ 在"联系我们"模块用到了表单组件。

也可以加入滚动监听效果，方便用户浏览。

通过对比 Glyphicons 字体图标、FontAwesome 字体图标和页面效果图，为了达到比较好的效果，我们引入 FontAwesome 字体图标来完成本次任务。

为此，我们可以按照如下顺序来完成此任务：

1. 使用巨幕组件完成 Banner 广告区

Banner 广告区域紧接着导航栏，且与导航条之间没有间隙，效果图如图 4.4-9 所示。

图 4.4-9　Banner 广告效果图

在任务 4.2 中该元素的源代码如下：

```
1    <article class="container">
2        <div class="row">
3            …
```

```
4        </div>
5    </article>
```

（1）分析

效果图与 Bootstrap 默认巨幕组件的区别在于添加了背景图片，背景图像相对于窗体固定，而 Bootstrap 默认巨幕组件的背景颜色则要清除。

文本是居中的（使用 Bootstrap 的文本居中类.text-center，这个类我们还会在后面多次使用），文字的颜色是白色，所以我们只需要使用不需要圆角的巨幕组件（.jumbotron 类要包裹.container 类），并对样式稍作修改即可。

按钮的样式也与巨幕组的默认样式不一样，需要修改其样式：将.btn-primary 类修改为.btn-default 类。

由于导航条.navbar 类设置了底部留白（margin-bottom），其与 banner 区域会有白色间隙，需要对其清除。

（2）修改后的参考代码

HTML 部分：

```
1    <article class="banner">
2        <div class="jumbotron">
3            <div class="container">
4                <div class="row text-center">
5                    <h1>程序猿 攻城狮</h1>
6                    <p>是的，这……</p>
7                    <p>
8                        <a class="btn btn-default btn-lg" href="#"
9  role="button">实训场地</a>
10                   </p>
11               </div>
12           </div>
13       </div>
14   </article>
```

CSS 代码：

```
1    .banner{
2        background: url(../img/header_bg.jpg) no-repeat center center
3    fixed;
4        color: #eee;
5    }
6    .jumbotron{
7        background: none;
8    }/*清除巨幕组件背景颜色*/
9    .navbar{
10       margin-bottom: 0px;
11   }/*清除导航条底部留白*/
```

完成后发现文字内容与背景的上下边距比较窄，即 banner 区域的高度不够，考虑到所有的<article>都有一样的问题，所以可以一起设置。添加如下 CSS 代码。

```
1    .banner,.about,.mojar,.environmental,.graduate,.contact,.footre{
2        padding: 60px 0;
3    }
```

2. 关于我们和招生计划

"关于我们"和"招生计划"模块的截图如图 4.4-10 所示。

图 4.4-10 "关于我们"和"招生计划"模块截图

（1）分析

在任务 2 中我们已经对其进行了左右布局，为此，我们只需要在左边添加图片即可，注意图片要添加响应式图片的类.img-responsive，其实质是为图片设置了 max-width: 100%;、height: auto; 和 display: block;属性，从而让图片在其父元素中更好的缩放。

右边为标题（h3）、段落和表格，使用 Bootstrap 提供的默认即可。

是的，这里我们不用自己定义 CSS 样式。

（2）HTML 参考代码

```
1   <article class="about">
2       <div class="container">
3           <div class="row">
4               <div class="col-lg-6 col-md-6">
5                   <img class="img-responsive" src="img/about/about1.
6  jpg" alt="">
7               </div>
8               <div class="col-lg-6 col-md-6">
9                   <h3>关于我们</h3>
10                  <p>信息工程系是……</p>
11                  <h3>本科生招生计划</h3>
12                  <table class="table table-striped">
13                      <thead>…</thead>
14                      <tbody>…</tbody>
15                  </table>
16              </div>
17          </div>
18      </div>
19  </article>
```

3. 本科专业介绍和优秀本科毕业生

"本科专业介绍""实训环境""优秀本科毕业生"和"联系我们"模块都要使用缩略图模块，为此，我们把背景一致的模块放在一起来完成。

（1）分析

通过效果图与 Bootstrap 默认样式对比，可以比较出不同，并从以下几个方面进行：① 添加背景图片；② 修改文字颜色；③ 去除缩略图组件边框和背景色，替换其图片为图标和圆形图片，并修改替换后的样式；④ 制作白色渐变线。效果如图 4.4-11 所示。

图 4.4-11 "优秀本科毕业生"模块截图

（2）参考代码

"本科专业介绍"模块的 HTML 部分代码：

```
1    <article class="mojar">
2        <div class="container">
3            <div class="row text-center">
4                <h2>本科专业介绍</h2>
5                <hr />
6                <div class="col-lg-8 col-lg-offset-2">
7                    <p class="lead">目前我校的……</p>
8                </div>
9                <div class="col-md-4">
10                   <div class="thumbnail">
11                       <span class="glyphicon glyphicon-hdd" aria-
12   hidden="true"></span><!--可用 FontAwesome 图标-->
13                       <div class="caption">
14                           <h3>计算机科学与技术</h3>
15                           <p>本专业……</p>
16                       </div>
17                   </div>
18               </div>
19               ……<!--再重复 2 个 .col-md-4 内容-->
20           </div>
21       </div>
22   </article>
```

"优秀本科毕业生"模块的 HTML 部分代码：

```
1    <article class="graduate">
2        <div class="container">
3            <div class="row text-center">
4                <h2>优秀本科毕业生</h2>
5                <hr />
```

```html
6            <div class="col-md-3 col-sm-6">
7                <div class="thumbnail">
8                    <img src="img/team/team01.jpg" alt="赵文照片"
9  class="img-circle img-responsive">
10                   <div class="caption">
11                       <h3>赵文</h3>
12                       <p>我校计算机科学……</p>
13                   </div>
14               </div>
15           </div>
16           ……<!--再重复3个.col-md-3-->
17           <div class="col-lg-8 col-lg-offset-2">
18               <p class="lead">少年，……</p>
19           </div>
20       </div>
21   </div>
22 </article>
```

CSS 代码：

```css
1  .mojar,.graduate{
2      background: url(../img/bg.jpg) no-repeat center center fixed;
3  }/*添加背景图片*/
4  .mojar p,.mojar h2,.mojar h3,.graduate p,.graduate h2,.graduate h3{
5      color: #eee;
6  }/*修改文字颜色*/
7  .mojar .thumbnail,.graduate .thumbnail{
8      border: none;
9      background:none;
10     margin: 1em 0;
11 }/*修改缩略图组件样式属性*/
12 .mojar hr,.graduate hr{
13     display: block;
14     height: 3px;
15     border: 0;
16     margin: 3em 0;
17     padding: 0;
18     width: 50%;
19     left: 25%;
20     position: relative;
21     border: none;
22     background-image:     linear-gradient(left,rgba(255,255,255,0),
23 #71c9d6,rgba(255,255,255,0));
24 }/*渐变线，如果不能显示请添加-moz-等浏览器私有前缀*/
25 .mojar span{
26     font-size: 5em;
27     color: #c0ed5d;
28     display: block;
29 }/*修改图标字体样式属性*/
30 .graduate .img-circle{
31     width: 50%;
```

```
32    }/*修改图片比例*/
```

（3）说明

① 文本居中可以使用 Bootstrap 的默认样式 .text-center。

② 强调文本使用了 Bootstrap 的默认样式 .lead。

③ 背景图片的颜色渐变为了兼容更多浏览器，建议添加私有前缀，参考如下：

```
background-image: -webkit-linear-gradient(left,#fff,#e6e6e6,fff);
background-image: -moz-linear-gradient(left,#fff,#e6e6e6,#fff);
background-image: -ms-linear-gradient(left,#fff,#e6e6e6,#fff);
background-image: -o-linear-gradient(left,#fff, #e6e6e6,#fff);
```

4. 实训环境和联系我们

"实训环境"和"联系我们"模块，除去表单外，其他部分与"本科专业介绍"和"优秀本科毕业生"的实现方法是一样的，唯一的区别就在栅格布局（在任务 4.2 中已经完成）、背景图片、文字颜色和渐变线条颜色，为此，这里就不再累述，只考虑表单部分的内容，如图 4.4-12 所示。

图 4.4-12　表单组效果图

（1）分析

从效果图可以看到，表单组非常简单，Bootstrap 的默认表单样式足够满足需求，所以不需要自定义 CSS 样式。

（2）HTML 部分的参考代码

```
1     <div class="row">
2         <div class="col-lg-8 col-lg-offset-2">
3             <form>
4                 <div class="row">
5                     <div class="col-sm-6 form-group">
6                         <input type="text" class="form-control" id="name"
7     placeholder="姓名">
8                     </div>
9                     <div class="col-sm-6 form-group">
10                        <input type="tel" class="form-control" id="tel"
11    placeholder="电话">
12                    </div>
13                </div>
14                <div class="form-group">
15                    <textarea class="form-control" rows="3" placeholder="
16    填写内容"></textarea>
17                </div>
18                <div class="text-center">
19                    <button type="submit" class="btn btn-info btn-lg">提
```

```
20          交内容</button>
21                </div>
22          </div>
23        </form>
24    </div>
```

（3）说明

.form-control 可以让表单按 100%宽度显示，用.form-group 包裹表单可以为表单实现比较好的边距。

5. 版权

（1）分析

版权信息在前面布局的基础上只需要添加<p>来包裹文字和分享图标，同时使用.text-center 类设置文本居中，再修改文字颜色和背景颜色即可完成。

（2）参考代码

略。

6. 使用 FontAwesome 字体图标

是否发现，虽然 Glyphicon Halflings 免费为 Bootstrap 提供了 250 多个 Glyphicons 字体图标，但即便如此，有时也有一些图标是你非常想用的却没有的，如我们"版权"中的分享图标、"本科专业介绍"的计算机图标等。

为此，为大家介绍一个免费开源的字体图标库，它就是 Font Awesome（见图 4.4-13），中文网站地址 http://www.fontawesome.com.cn/，英文原版地址 http://www.fontawesome.io/，共提供了 675 个图标，最初是为 Bootstrap 而设计的，现在 Font Awesome 适用于所有框架，兼容性良好。

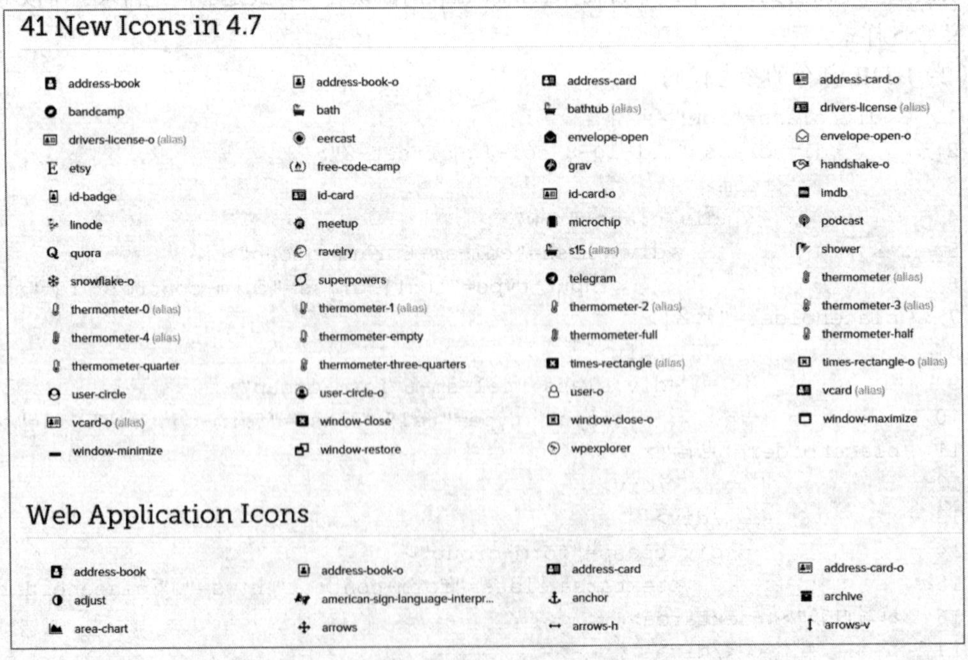

图 4.4-13　FontAwesome 字体图标部分截图

Font Awesome 可以采用 CDN 加速的方式进行部署而不需要下载。

也可以下载后复制 font-awesome 目录到目中,分别将字体文件放在根目录,css 文件放在在 css 文件夹,然后在<head>处加载 font-awesome.min.css,参考代码如下:

```
1    <link rel="stylesheet" href="css/font-awesome.min.css">
```

通过<link>引入到网页后,就可以开始使用它。

比如在任务中是使用了品牌图片的方式来制作导航条的 logo,也可以利用 font-awesome 来制作:

```
1    <a class="navbar-brand" href="#">
2       <i class="fa fa-camera-retro fa-4x"></i>信息工程系
3    </a>
```

☑ 任务回顾

本任务学习了 Bootstrap 的如下知识:

① Bootstrap 的缩略图组件。

② Bootstrap 的巨幕组件。

③ Bootstrap 表格和表单。

将这些知识运用到我们的项目中,完成整个页面的制作。

☑ 任务拓展

滚动监听插件是用来根据滚动条所处的位置来自动更新导航项的。当滚动导航条项对应的内容区域时该导航条项目会高亮显示。

该插件依赖于 Bootstrap 的 scrollspy.js,该 js 文件已经集成在了 bootstrap.js 中。

在完成 ID 属性来实现页面内链接的导航方式后,通过调用 data 属性,即可完成对<body>内相对定位元素的滚动监听。

为此,需要将<body>设置为相对定位,同时为该标签添加 data-spy="scroll"和 data-target="#navbar-example"两个属性(#navbar-example 可以根据具体情况修改,并与 id 值对应)。

【拓展练习 4.4-1】在练习 4.3-2 的基础上,为导航条制作滚动监听效果。(测试内容部分可以只写标题,以添加高度的方式来占位)。

① 添加样式,将<body>设置为相对定位:

```
1    body{
2        position: relative;
3    }
```

② 为<body>标签添加两个 data 属性:

```
1    <body data-spy="scroll" data-target="#navbar-example">
```

③ 将 data-target="#navbar-example"属性与滚动监听对象——导航条组件进行关联,即在<nav>中加入 id="navbar-example",并将导航条固定在顶部(添加.navbar-fixed-top,并为 body 添加"padding-top:70px;"样式属性)。

```
1    <nav id="navbar-example" class="navbar navbar-default navbar-fixed-
2        top" >
```

④ 为菜单列表添加高亮显示样式.nav-tabs,并设置列表的 href 属性。

```
1    <ul class="nav navbar-nav nav-tabs">
2        <li class="active"><a href="#start">Start</a></li>
3        <li><a href="#trucks">Our Trucks </a></li>
```

```
4        <li><a href="#about">About us</a></li>
5        <li><a href="#impressum">Impressum</a></li>
6    </ul>
```

⑤ 在<nav>标签后添加测试代码，为了效果明显，建议为测试代码添加边框和高度。

HTML 测试代码：

```
1    <div id="start">Start</div>
2    <div id="trucks">Our Trucks</div>
3    <div id="about">About us</div>
4    <div id="impressum">Impressum</div>
```

为测试代码添加 CSS 样式：

```
1    #start,#trucks,#about,#impressum{
2        border: 1px solid #000;
3        height: 500px;
4    }
```

至此，滚动监听练习完成。

由于导航条固定在顶部的原因，会发现监听内容与导航条项有 70px 的高度误差。为解决此误差，可以将 body 的 "padding-top:70px;" 样式属性添加到测试代码各 div 的 css 样式中。

*任务 4.5　为你的网页添加无障碍功能

☑ 学习目标

① 能够在学习 Web 内容无障碍指南（WCAG）知识和可访问的互联网应用（ARIA）基础上，对网页进行无障碍改造。

② 能够根据可访问的互联网应用（ARIA）提示的网页辅助浏览方法，对网页进行无障碍测试。

☑ 任务描述

本任务要求学习 Web 内容无障碍指南（WCAG）知识，对页面进行无障碍改造并测试。

为此，需要学习：

① WCAG2.0/2.1 知识。

② 可访问的互联网应用（ARIA）及其最佳实践方法。

③ 模拟障碍人士进行无障碍页面浏览。

在此基础上，完成：

① 对页面进行无障碍改造。

② 对改造后的页面进行测试。

☑ 知识学习与课堂练习

1. WCAG

Web 内容无障碍指南（WCAG）由 W3C 的 Web 无障碍推进组织（WAI）制定，Web 无障碍指南（WCAG）2.0 定义了如何使残障人士更方便地使用 Web 内容的方法。无障碍涉及广泛的残疾类别，包括视觉、听觉、身体、语言、认知、语言、学习以及神经残疾。尽管这些指南内容广泛，但它无法满足所有类型、程度和多重残疾人群的需要。这些指南也适合老年人上网，还可让普通用户更好地使用。

WCAG 2.0 是通过 W3C 流程与世界各地的个人和组织合作编写的，以提供一个 Web 无障碍的共同标准，满足国际上个人、组织和各国政府的需要。

Web 内容无障碍指南（WCAG）2.0 包括四大原则 12 项准则以及准则实现的建议技巧和成功标准。

原则 1：可感知性—信息和用户界面组件必须以可感知的方式呈现给用户。

准则 1.1　替代文本：为所有非文本内容提供替代文本，使其可以转化为人们需要的其他形式，如大字体印刷、盲文、语音、符号或更简单的语言。但控件、输入、时基媒体、验证码、装饰等除外。

准则 1.2　时基媒体：为时基媒体提供替代。即要为音视频提供文字（字幕）、对其的描述或手语等替代性信息。

准则 1.3　适应性：创建可用不同方式呈现的内容（如简单的布局），而不会丢失信息或结构。即在编排布局时要考虑文本的结构关系及阅读顺序（可用编程实现），内容的呈现及操作的提示不完全依赖于如形状、大小、视觉位置、方向、颜色或声音等信息。

准则 1.4　可辨别性：使用户更容易看到和听到内容，包括把背景和前景分开。该准则主要对颜色、对比度、文本大小、文本图像、视觉呈现进行了规范。

原则 2：可操作性—用户界面组件和导航必须可操作。

准则 2.1　键盘可访问：使所有功能都能通过键盘来操作。

准则 2.2　充足的时间：为用户提供足够的时间用以阅读和使用内容。

准则 2.3　癫痫：不要设计会导致癫痫发作的内容。即网页不包含任何闪光超过 3 次/秒的内容，或闪光低于一般闪光和红色闪光阈值。

准则 2.4　可导航性：提供帮助用户导航、查找内容、并确定其位置的方法。

原则 3：可理解性—信息和用户界面操作必须是可理解的。

准则 3.1　可读性：使文本内容可读，可理解。

准则 3.2　可预测性：让网页以可预见的方式呈现和操作。

准则 3.3　辅助输入：帮助用户避免和纠正错误。

原则 4：鲁棒性—内容必须健壮到可信地被种类繁多的用户代理（包括辅助技术）所解释。

准则 4.1　兼容：最大化兼容当前和未来的用户代理（包括辅助技术）。包括：使用标记语言实现的内容，元素要有完整的开始和结束标签，元素根据其规格进行嵌套，元素不包含重复的属性，任何 ID 都是唯一的，除非规范允许这些特性。对于所有用户界面组件（包括但不限于：表单元素，链接和由脚本生成的组件），名称和角色可以编程式确定；可由用户设置的状态、属性和值可以编程式设置，这些变化通知对用户代理（包括辅助技术）有效。

限于篇幅的现在，读者也可以在 http://www.w3.org/Translations/WCAG20-zh/#webpagedef 或者 https://www.w3.org/TR/WCAG21/浏览原文。

在了解 WCAG 的同时，也建议去查阅网站设计无障碍技术要求（YD/T1761）和网站设计无障碍评级测试方法（YD/T1822），这两个文件是中国通信标准化协会组织制定的，提供了国内的技术标准文件，阅读时更加符合我们的习惯。

2. WAI-ARIA

ARIA（Accessible Rich Internet Applications）是 W3C 的 Web 无障碍推进组织（Web Accessibility Initiative/WAI）在 2014 年 3 月 20 日发布的可访问富互联网应用实现指南，是一个为残疾人士等提供无障碍访问动态、可交互 Web 内容的技术规范，是对 Web 内容无障碍指南（WCAG）的有效补充。

可以访问 http://www.w3.org/TR/2014/REC-wai-aria-20140320/了解文档的详细内容。

（1）ARIA 使用方法

应用于 HTML 的 ARIA 包括"role"（角色）和带"aria-"前缀的属性。

role 标识了一个元素的作用，aria-属性描述了与之有关的事物特征及其是什么样的状态。

（2）ARIA 的角色定义"role"

表 4.5-1 列出了 HTML 元素中常用的 ARIA 角色 role。

表 4.5-1 role 角色定义

role 属性值	含义
alert	表示警告
Dialog	表示警告弹出框
application	表示应用
button	表示按钮
checkbox	表示复选框
combobox	表示下拉列表框
grid	表示网格
gridcell	表示网格单元
group	表示组合并
heading	表示应用程序标题头
listbox	表示列表框
log	表示日志记录
menu	表示菜单
menubar	表示菜单栏
menuitem	表示菜单项
menuitemcheckbox	表示可复选的菜单项
menuitemradio	表示只能单选的菜单项
option	表示选项
presentation	表示称述
progressbar	表示进度条
radio	表示单选
radiogroup	表示单选组
region	表示区域
row	表示行
separator	表示分隔

续表

role 属性值	含义
Slider	表示滑动条
spinbutton	表示微调
tab	表示标签
Tablist	表示标签列表
tabpanel	表示标签面板
timer	表示计数
toolbar	表示工具栏
Tooltip	表示提示文本
tree	表示树形
treeitem	表示树结构选项

在使用时，只需在 HTML 代码中加入 role 即可定义 HTML 的角色。

```
1    <!--定义一个弹出框-->
2    <div class="modal" role="dialog">
3    <h1>弹出框标题</h1>
4      <p>弹出框的内容</p>
5    </div>
```

表 4.5-1 中并没用列出所用的 ARIA 角色，表 4.5-2 列出了常用标签元素对应的 ARIA 的 role。当然，并不是使用的 HTML 元素都具有对应的 ARIA 的 role。

表 4.5-2　HTML 元素在 ARIA 中的角色

HTML 元素	ARIA（role=）
a	link
a	memutiem
article	article
aside	complementary
body	document
button	button
footer	contentinfo
form	form
h1~h6	hending
header	banner
img	img
li	listitem
ul	list
main	main
nav	navigation
table	tabel
tbody/thead	rowgroup

HTML 元素	ARIA（role=）
Td	cell
th	columnheader
tr	row

在不同的情况下 HTML 的 ARIA 角色也是不一样的，如 a 标签不带 href 属性就不具有 link 角色，当 a 标签父元素是一个菜单时，其角色为 menuitem；又如 input 表单标签，其角色取决于其 type 属性，type 属性设置为 checkbox，这角色为 checkbox，如果其父元素是一个菜单时则为 menuitemcheckbox；属性为 button、image、reset、submit，角色为 button，属性为 text，角色为 textbox。

需要注意的是，并不是所有的 HTML 中添加 ARIA 角色对屏幕阅读器就是好的，特别是对一些默认带有交互功能的元素。

（3）ARIA 的属性和状态"aria-"

ARIA 属性值示意及说明表如表 4.5-3 所示。

表 4.5-3 ARIA 属性值示意及说明表

属 性 名	属 性 值
aria-activedescendant	字符串。表示后代元素的 id 值。aria-activedescendant 属性定义了当工具栏获取焦点时，哪一个工具栏的子控件获取了焦点
aria-atomic	字符串。表示区域内容是否完整播报。值可以为 true 和 false。当为 true 时，表示辅助设备需要把整个区域内容都通报给使用者；如果为 false 则表示只需要通报修改的部分
aria-autocomplete	字符串。表示用户的文本框的自动提示是否提供。可选值有：inline, list, both, none
aria-busy	字符串。表当前区域的忙碌状态。默认为 false，表清除 busy 状态；可选为 true，表该区域正在加载；或为 error，表示该区域验证无效
aria-controls	字符串。空格分隔的 id 属性值列表
aria-describedby	字符串。空格分隔的 id 属性值列表
aria-dropeffect	字符串。表示拖拽效果。可选值有：copy, move, reference, execute, popup, none，依次表示：复制，移动，参照，执行，弹出以及没有效果
aria-flowto	字符串。空格分隔的 id 值们
aria-grabbed	字符串。拖拽中元素的捕获状态。可选值有:true, false, undefined. 默认为 undefined，表示元素捕获状态未知。true 表示元素可以捕获；false 表示不能被捕获
aria-haspopup	字符串。true 表示点击的时候会出现菜单或是浮动元素；false 表示没有 pop-up 效果
ria-label	字符串
aria-labelledby	字符串。空格分隔的 id 们
aria-level	数值。表示等级
aria-live	字符串。可选值有：off, polite, assertive, rude。默认为 off，表示不宣布更新；polite 表示只有用户闲时宣布；assertive 表示尽快对用户宣布；rude 表示即时提醒用户，必要的时候甚至中断用户
aria-multiselectable	字符串。表示是否可多选。默认为 false，表示一次只能选择一个项。true 表示一次可以选择多个项
aria-owns	字符串。值为目标元素 id
aria-posinset	数值。表示当前位置
aria-readonly	字符串。表示是否只读。默认为 false，表示元素值可以被修改；true 表示元素指不能被改变

续表

属 性 名	属 性 值
aria-relevant	字符串。表示区域内哪些操作行为需要做出反应。可选值有：additions, removals, text, all，可以空格分隔多个一起显示. additions 表示新增节点的时候做出反应；removals 表示删除节点时重要操作；text 表示文本改变是值得重视的；all 等同于同时使用上面三个属性值
aria-required	字符串。元素值是否必需。默认为 false，表示元素值可以为空；true 表示元素值是必需的
aria-secret	字符串。表示机密状态
aria-setsize	数值。设置的尺寸大小值
aria-sort	字符串。表示表格或格栅中的项是以升序排列还是降序排列。可选值：ascending(↑), descending(↓), none, other
aria-valuemax	数值。表允许的最大值
aria-valuemin	数值。表示允许的最小值
aria-valuenow	数值。表示当前值
aria-valuetext	字符串。定义等同于 aria-valuenow 可读的文本

在使用时，只需根据需求在 HTML 代码中加入 aria-属性即可。

示例 1：

```
1    <div role="toolbar" tabindex="0" aria-activedescendant="button1">
2        <img src="btncut.png" id="button1" role="button" alt="cut" />
3        <img src="btncopy.png" id="button2" role="button" alt="copy" />
4        <img src="btnpaste.png" id="button3" role="button" alt="paste" />
5    </div>
```

在示例 1 中，工具栏的第一个控件（id 为 button1）是能够获取焦点的控件。

示例 2：

```
1    <div class="progress-bar" role="progressbar" aria-valuenow="60" aria-
2    valuemin="0" aria-valuemax="100"></div>
```

在示例 2 中，aria-用在 progressbar 组件上，对应 HTML5 中的 min。ARIA 状态值示意及说明表如表 4.5-4 所示。

表 4.5-4 ARIA 状态值示意及说明表

属性状态	属 性 值
aria-checked	字符串。表示检查的状态。true 表示元素被选择；false 表示元素未被选择；mixed 表示元素同时有选择和未选择状态
aria-disabled	字符串。表禁用状态，true 表示当前是非激活状态；false 表示清除非激活状态
aria-expanded	字符串。表示展开状态。默认为 undefined，表当前展开状态未知。其他可选值：true 表示元素是展开的；false 表示元素不是展开的
aria-hidden	字符串。可选值为 true 和 false，true 表示元素隐藏(不可见)，false 表示元素可见
aria-invalid	字符串。表示元素值是否错误的。默认为 false，表示是 OK 的，如果为 true，则表示值验证不通过
aria-pressed	字符串。表示按下的状态，可选值有 true, false, mixed, undfined。默认为 undfined，表示按下状态未知；true 表示元素往下（按钮按下）；false 表示元素抬起；mixed 表示元素同时有按下和没有按下的状态
aria-selected	字符串。表示选择状态。可选值有 true, false, undefined。默认为 undefined，表示元素选择状态未知。true 表示元素已选择；false 表示未被选中

注意:为了跨浏览器兼容,总是使用 WAI-ARIA 属性解析来访问和修改 ARIA 属性,例如 object.setAttribute("aria-valuenow", newValue)。

示例 3:

```
1    <div role="button" tabindex="0" aria-pressed="false" aria-disabled=
2    "false"></div>
```

在示例 3 中,表示按钮已经按下,同时处于禁用状态。

3. 开发最佳实践

开发一个可访问的 Web 应用不仅需要工具的支持、浏览器的支持,还需要开发人员遵循一定的规范提供对应的元素信息,才能达到最终的目的。下面着重介绍一些开发中的最佳实践。

(1) image 元素

图片或者动画均需提供 alt 信息,使得读屏软件可以将图片动画的内容清楚地读出来。对于某些用于装饰性的图片,则需设置 alt 为空,使得读屏软件可以忽略此元素。对于放在链接里面的图片,如果已经有文字的说明,alt 也设置为空,这样避免读屏软件重复同样的内容。

CSS 将样式与结构分离,使得 HTML 代码结构清晰。很多装饰性的图片也都放在 CSS 里面来加载,带来的一个问题就是在 CSS 里面的图片在高对比度模式下都无法显示。如果这个图片并不仅仅是装饰性的,还可以触发功能,那就需要从 CSS 里面拿出来,当成一个独立的 img 或者 input 元素。

(2) table 元素

Table 分为两类:一类是做布局的 table,一类是数据 table。对于布局用的 table,读屏软件没必要知道这是一个表,可以通过设置 role=presentation 使 Jaws 忽略这个表,只关注里面的内容。对于数据表格,则需要设置 caption 属性,说明整个表是用来做什么的,使得 Jaws 可以告诉用户这个表的作用。对于每一个单元内的数据,还应该通过 th 属性使得 Jaws 能识别这个数据的表头是什么。对于复杂表,可以通过 id 和 header 属性来标识,如图 4.5-1 所示。

图 4.5-1 通过 id 和 header 属性标识

以表格第二行的数字 5 为例,正常人可以很容易得看出 5 指的是一年级 Mr.Henry 老师这个班的男生有 5 个,但当 Jaws 面对这个数字 5 时,如何能识别出来?通过 header 来标识表头,header 的值就指向对应表头的 id。对应的 HTML 如下:

```
1    <tr>
2        <th id="class"> Class </th>
3        <th id="teacher"> Teacher </th>
4        <th id="boys"> #of Boys </th>
5        <th id="girls"> #of Girls </th>
6    </tr>
7    <tr>
8        <th id="1stgrade" rowspan="2"> 1st Grade </th>
```

```
9          <th id="MrHenry" headers="1stgrade teacher"> Mr . Henry </th>
10         <td headers="1stgrade MrHenry boys"> 5 </td>
11         <td headers="1stgrade MrHenry girls"> 4 </td>
12     </tr>
13     <tr>
14         <th id="MrsSmith" headers="1stgrade teacher"> Mrs . Smith </th>
15         <td headers="1stgrade MrsSmith boys"> 7 </td>
16         <td headers="1stgrade MrsSmith girls"> 9 </td>
17     </tr>
18     <tr>
19         <th id="2ndgrade" rowspan="3"> 2nd Grade </th>
20         <th id="MrJones" headers="2ndgrade teacher"> Mr . Jones </th>
21         <td headers="2ndgrade MrJones boys"> 3 </td>
22         <td headers="2ndgrade MrJones girls"> 9 </td>
23     </tr>
24     <tr>
25         <th id="MrsSmith" headers="2ndgrade teacher"> Mrs . Smith </th>
26         <td headers="2ndgrade MrsSmith boys"> 4 </td>
27         <td headers="2ndgrade MrsSmith girls"> 3 </td>
28     </tr>
29     <tr>
30         <th id="MrsKelly" headers="2ndgrade teacher"> Mrs . Kelly </th>
31         <td headers="2ndgrade MrsKelly boys"> 6 </td>
32         <td headers="2ndgrade MrsKelly girls"> 9 </td>
33     </tr>
```

（3）form 元素

form 元素需要关联一个 label 元素，所有的 button 都已经有了一个隐含的 label，所以不再需要显示关联。对于 input、select、checkbox、radio、button 则都需要显示一个 label 元素。这样 Jaws 在面对这个表单元素时才能告诉用户这个表单的作用。例如下面的 input，Jaws 会告诉用户这个是需要输入名字的一个输入框。当 label 属性不方便使用时，还可以通过 title 属性达到相同的效果，也可以满足 Webking 检查的需要。下面的两种写法都可以。但前提是 name 不需要被显示出来。当 title 和 label 都设置时 title 会被 Jaws 忽略。

```
1    <label for="name1">Name:</label>
2    <input name="name" id="name1" size="30" />
```

或

```
1    <input name="name" id="name1" size="30" title="name">
```

当一个表单元素如果前后都需要描述时，label 就显得力不从心。ARIA 规范的出现解决了这一问题。aria-labelledby 属性可以设置多个值，说明这个表单元素是被哪些值所描述的，aria-describedby 属性则更详细地扩展了这个描述，如图 4.5-2 所示。

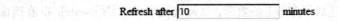

图 4.5-2　aria-describedby 属性应用

当 Jaws 把焦点放在 10 上的时候，会告诉用户 10 表示的是 10 分钟刷新一次。对应的 HTML 代码如下所示：

```
1    <div>
2    <span id="labelRefresh">
```

```
3     <label for="refreshTime">Refresh after</label>
4   </span>
5   <input       id="refreshTime"       type="text"       aria-describedby=
6   "refreshDescriptor"    aria-labelledby="    labelRefresh    refreshTime
7   refreshUnit" value="10"/>
8   <span id="refreshUnit"> minutes</span>
9   </div>
10  <div id="refreshDescriptor">Allows you to specify the number of minutes
11  of refresh time.</div>
```

aria-required 的属性标识这个元素是必须的，JAWS 识别此元素并告知用户必须输入此元素。我们可以看到中间的 input 元素被多个元素来描述（aria-labelledby 中的几个 id 值），这样 Jaws 就能够识别这个标签，并且按照这个标签的顺序读出前后的 label，并且提示用户如果还有更详细的描述以及如何获取这个更详细的描述。当用户需要时，aria-describedby 所对应的元素信息就会被读出来。增强了视力有障碍人士与普通人了解内容的一致性。

（4）关于 Tabindex 与获取焦点的顺序

Tabindex 属性的使用可以使得原本无法取得焦点的元素获取焦点。目的是为了使用户可以用键盘访问任何可以用鼠标访问的元素。我们知道，使用 Tab 键可以按文档顺序 tab 到所有可以获取焦点的元素。tabindex 可以设置为-1，0 或者是任何自然数。

tabindex=0 就使原本无法获取焦点的元素可以在用户 tab 时获取焦点，并且按照文档顺序排列。

tabindex=-1 使得元素可以获取焦点，但当用户用 Tab 键访问时并不出现在 tab 的列表里面。可以方便地通过 JavaScript 设置上下左右键的响应事件，非常有利于应用小部件（widget）内部的键盘访问。

tabindex 设置为大于 0 的数字则可以控制用户 Tab 时候顺序，一般很少用。

当用户使用 Tab 键浏览页面时，元素获取焦点的顺序是按照 HTML 代码里面元素出现的顺序排列的，有时与实际看到的页面顺序并不一致。例如图 4.5-3 所示的页面。

welcome page   search all go to edit

图 4.5-3 tab 焦点获取测试页面效果图

按照页面顺序，tab 的顺序为自左向右，可实际上操作的时候却发现"search all"出现在了"go to edit"的前面。对应的 HTML 代码如下所示：

```
1   <!-- 页面获取 focus 的顺序 -->
2   <div>
3       <span style="float:left;">welcome page</span>
4       <span style="float:right;margin-left:6em;">search all</span>
5       <span style="float:right;">go to edit</span>
6   </div>
```

原来是通过 float:right 达到了布局上的效果，实际文档顺序确实是 search all 在前面的。所以为了不引起混淆，最后能保持代码的顺序与实际呈现出来的页面上的顺序一致。可以修改上面的代码为：

```
1   <!-- 页面获取 focus 的顺序  调整后 -->
2   <div>
3       <span style="float:left;">welcome page</span>
4       <span style="float:right;width:15em;">
5           <span style="float:left;">go to edit</span>
```

```
6            <span style="float:right;">search all</span>
7        </span>
8    </div>
```

（5）Label 元素

ARIA 前：
```
1    <h2 class="offscreen">System Folders</h2>
2    <ul role="listbox">
3        <li role="option">Inbox</li>
4        <li role="option">Drafts</li>
5    </ul>
6    <h2>Personal Folders</h2>
7        <ul role="listbox">
8        <li role="option">Folder 1</li>
9        <li role="option">Folder 2</li>
10   </ul>
```

ARIA 后：
```
1    <ul role="listbox" aria-label="System Folders">
2        <li role="option">Inbox</li>
3        <li role="option">Drafts</li>
4    </ul>
5    <h2 id="folders">Personal Folders</h2>
6    <ul role="listbox" aria-labelledby="folders">
7        <li role="option">Folder 1</li>
8        <li role="option">Folder 2</li>
9    </ul>
```

（6）Alert Dialog 元素
```
1    <div role="alertdialog" aria-labelledby="hd" aria-describedby="msg">
2        <div id="hd">Confirm Close</div>
3        <p id="msg">Your message has not been sent. Do you want to
4    save it in your Drafts folder?</p>
5        <div>
6            <button>Save to Drafts</button>
7            <button>Don't Save</button>
8            <button>Keep Writing</button>
9        </div>
10   </div>
11
```

（7）headings
```
1    <p class="heading1" role="heading" aria-level="1" >Heading 1</p>
2    <p class="heading2" role="heading" aria-level="2" >Heading 2</p>
3    <p class="heading3" role="heading" aria-level="3" >Heading 3</p>
```

（8）list/listitem
```
1    <div role="list">
2        <div role="listitem">...</div>
3        <div role="listitem">...</div>
4        <div role="listitem">...</div>
5    </div>
```

（9）button 元素
```
1    <span tabindex="0" role="button" class="...">Button</span>
```

（10）toggle button 元素

```
1  <span tabindex="0" role="button" aria-pressed="false" class="...">
2  Option</span>
3  <span tabindex="0" role="button" aria-pressed="true" class="...
4  pressed">Option</span>
```

（11）checkbox 元素

```
1  <span tabindex="0" role="checkbox" aria-checked="false" class="...">
2  Option</span>
3  <span tabindex="0" class="... checked" role="checkbox" aria-checked=
4  "true">Option</span>
```

（12）radio 元素

```
1  <span tabindex="-1" role="radio" aria-checked="false" class="...">
2  Yes</span>
3  <span tabindex="0" role="radio" aria-checked="true" class="...
4  selected">No</span>
5  <span tabindex="-1" role="radio" aria-checked="false" class="...">
6  Maybe</span>
```

（13）link 元素

```
1  <span tabindex="0" role="link" onclick="document.location(...)">
2  link</span>
```

限于篇幅限制，其他实现方法就不再介绍，如果感兴趣，可以查看 http://www.w3.org/TR/2014/REC-wai-aria-20140320/或 http://www.w3cplus.com/wai-aria/wai-aria.html 进行了解。

4. 信息无障碍网页的测试

信息无障碍网页的测试主要是模拟相关人群去测试页面。相关人群使用的无障碍辅助技术（硬件或软件）主要是：

① 依靠用户代理提供的服务来检索和呈现 Web 内容。
② 通过使用 API 与用户代理或 Web 内容本身协同工作。
③ 提供超出用户代理提供的服务，以方便用户与残疾人的网页内容交互。
④ 该定义可能与其他文档中使用的定义不同。比如使用：

屏幕放大镜，用于放大和提高渲染文本和图像的视觉可读性。

- 屏幕阅读器，最常用于通过合成语音或可刷新盲文显示来传达信息。
- 文本到语音软件，用于将文本转换为合成语音。
- 语音识别软件，用于允许口语控制和口授。
- 用于模拟键盘的备用输入技术（包括头指针，屏幕键盘，单开关和 sip / puff 设备）。
- 备用指点设备，用于模拟鼠标指向和点击。

目前有很多的盲人开始使用安装了屏幕阅读软件的手机、电脑等产品浏览网页，据悉国内使用屏幕阅读器的用户已经超过十几万。无障碍页面的知识已经在不知不觉中影响越来越多的用户，国内的屏幕阅读软件在电脑平台有永德读屏、争渡读屏、阳光读屏等，还有一些非主流的软件，这些都是 Windows 平台的，而苹果的 OSX 平台和 iOS 平台都有系统内嵌的屏幕阅读器 VoiceOver，Android 平台则有来自国外的 Talkback 和国内一些公司开发的屏幕阅读器。当然，Windows 平台的屏幕阅读器最成熟的还有来自国外的 Jaws 和 NVDA。NVDA 是免费开元的软件，也是目前国内能用上的在 Windows 平台兼容性最好的屏幕阅读器。

关于使用 VoiceOver 的测试，可以查看文章 http://www.zhangxinxu.com/wordpress/2017/01/voiceover-aria-web-accessible-iphone/进行了解。

☑ 任务实施

1. 为页面添加无障碍信息

Bootstrap 遵循统一的 Web 标准，另外，还通过做一些少量的修改，可以让使用辅助设备上网的人群访问你的站点。Bootstrap 提供了屏幕阅读器和键盘导航的解决方案。

.sr-only 类可以对屏幕阅读器以外的设备隐藏内容。.sr-only 和.sr-only-focusable 联合使用的话可以在元素有焦点时再次显示出来（例如，使用键盘导航的用户）。对于遵循可访问性的最佳实践很有必要。

（1）修改导航按钮

在响应式导航条中为 button 添加 aria-expanded="false"属性。

```
1  <button type="button" class="navbar-toggle collapsed" data-toggle=
2  "collapse" data-target="#nav " aria-expanded="false">
3      <span class="icon-bar"></span>
4      <span class="icon-bar"></span>
5      <span class="icon-bar"></span>
6  </button>
```

在 Bootstrap 导航条组件中，其对具有下拉菜单的按钮是这样设置的：

```
1   <li class="dropdown">
2       <a href="#" class="dropdown-toggle" data-toggle="dropdown" role=
3   "button" aria-haspopup="true" aria-expanded="false">Dropdown <span
4   class="caret"></span></a>
5       <ul class="dropdown-menu">
6           <li><a href="#">Action</a></li>
7           <li><a href="#">Another action</a></li>
8           <li><a href="#">Something else here</a></li>
9           <li role="separator" class="divider"></li>
10          <li><a href="#">Separated link</a></li>
11      </ul>
12  </li>
```

（2）修改使用巨幕组件制作的 Banner 广告

按钮是使用<a>标签制作的，使用应该对其角色进行说明。

```
1   <a class="btn btn-default btn-lg" href="#" role="button">实训场地</a>
```

（3）关于图片

对应装修性图片，我们要让 img 的 alt 属性为空，但是对应非装修性图片，这需使用 alt 属性对图片进行说明。

（4）关于表单

在项目中因为按照标准的 input 标签及属性来制作表单和按钮，所以可以不需要添加 role 角色。

在制作表单时一定要添加 label 标签，因为如果没有为每个输入控件设置 label 标签，屏幕阅读器将无法正确识别。对于这些内联表单，可以通过为 label 设置.sr-only 类将其隐藏。还有一些辅助技术提供 label 标签的替代方案，比如 aria-label、aria-labelledby 或 title 属性。如果这些都不存在，屏幕阅读器可能会采取使用 placeholder 属性，如果存在的话，使用占位符来替代其他的标记,但要注意,这种方法是不妥当的。

所以,需要为我们的表单添加 label,并通过 ID 进行关联。

```
1    <div class="row">
2        <div class="col-lg-8 col-lg-offset-2">
3            <form>
4                <div class="row">
5                    <div class="col-sm-6 form-group">
6     <label for="name">姓名</label>
7                        <input type="text"id="name" class="form- control"
8    id="name" placeholder="姓名">
9                    </div>
10                   <div class="col-sm-6 form-group">
11    <label for="tel">姓名</label>
12                       <input type="tel" id="tel" class="form-control"
13   id="tel" placeholder="电话">
14                   </div>
15               </div>
16               <div class="form-group">
17    <label for="textarea">留言内容</label>
18                   <textarea id="textarea" class="form-control" rows="3"
19   placeholder="填写内容"></textarea>
20               </div>
21               <div class="text-center">
22                   <button type="submit" class="btn btn-info btn-lg">提
23   交内容</button>
24               </div>
25           </div>
26       </form>
27   </div>
```

由于在页面制作时遵循了 HTML5 标准,很少使用非语义化标签来设置相关内容,且页面交互相对简单,所以需要修改的并不多。

2. 无障碍页面测试

请自行安装 VoiceOver(苹果产品)或 NVDA(微软产品)软件或使用移动设备进行页面测试。

☑ 任务回顾

本任务学习了:

① Web 内容无障碍指南(WCAG)和可访问的互联网应用(ARIA)及其最佳实践方法。
② 模拟障碍人士进行无障碍页面浏览的方法。

我们将这些知识运用到项目中,重新认识 Bootstrap 的无障碍页面设计方法,对页面进行了无障碍改造。

☑ 任务拓展

可以在 https://www.w3.org/WAI/上浏览更多网页无障碍倡议,目前 Web 内容无障碍指南(WCAG)2.1 工作草案已在 2017 年 4 月更新。

对应辅助工具,可以了解工具辅助功能指南(ATAG)2.0,以方便对网页进行更好的测试。

参 考 文 献

[1] 弗雷恩. 响应式 Web 设计：HTML5 和 CSS3 实战[M]. 王永强，译. 北京：人民邮电出版社，2013.
[2] 张亚飞. HTML5+CSS3 网页布局和样式精粹[M]. 北京：清华大学出版社，2011.
[3] 科克伦，惠特利. Bootstrap 实战[M]. 李松峰，译. 北京：人民邮电出版社，2015.
[4] 李东博. HTML5+CSS3 从入门到精通[M]. 北京：清华大学出版社，2013.
[5] 陆凌牛. HTML 5 与 CSS 3 权威指南 [M]. 3 版. 北京：机械工业出版社，2017.

参考文献

[1] 佚名. HTML5 应用开发详解[M]. 北京: 人民邮电出版社, 2012.

[2] 刘欢. HTML5 与 CSS3 网站开发入门经典[M]. 北京: 清华大学出版社, 2011.

[3] 陆凌牛. HTML5 与 CSS3 权威指南[M]. 北京: 机械工业出版社, 2012.

[4] 李刚. HTML5+CSS3+JavaScript 权威指南[M]. 北京: 电子工业出版社, 2013.

[5] 刘西杰. HTML CSS JavaScript 网页制作[M]. 北京: 人民邮电出版社, 2012.